Rotes Heft 94

Jugendfeuerwehr

von
Dieter Fröchtenicht
Jugendreferent a. D.
der Niedersächsischen Jugendfeuerwehr e. V.
im Landesfeuerwehrverband Niedersachsen e. V.

2., überarbeitete und erweiterte Auflage 2016

Verlag W. Kohlhammer

Wichtiger Hinweis

Der Verfasser hat größte Mühe darauf verwendet, dass die Angaben und Anweisungen dem jeweiligen Wissensstand bei Fertigstellung des Werkes entsprechen. Weil sich jedoch die allgemeine Entwicklung sowie Gesetze und Vorschriften ständig im Fluss befinden, sind Fehler nicht vollständig auszuschließen. Daher übernehmen der Autor und der Verlag für die im Buch enthaltenen Angaben und Anweisungen keine Gewähr.

DJF-Abzeichen eingetragene deutsche Marke Nr. 883689/39855660 der Versandhaus des Deutschen Feuerwehrverband GmbH, Bonn

2., überarbeitete und erweiterte Auflage 2016

Alle Rechte vorbehalten
© W. Kohlhammer GmbH, Stuttgart
Gesamtherstellung: W. Kohlhammer GmbH, Stuttgart

ISBN 978-3-17-030359-1

Für den Inhalt abgedruckter oder verlinkter Websites ist ausschließlich der jeweilige Betreiber verantwortlich. Die W. Kohlhammer GmbH hat keinen Einfluss auf die verknüpften Seiten und übernimmt hierfür keinerlei Haftung.

Inhaltsverzeichnis

Vorwort 7

1	Einleitung	9
2	**Geschichtliche Entwicklung**	11
2.1	Die Anfänge	11
2.2	Militärische Jugendfeuerwehren	12
2.3	HJ-Feuerwehren	13
2.4	Der Weg zur Deutschen Jugendfeuerwehr.	15
2.5	Aufbau der Deutschen Jugendfeuerwehr	19
2.6	Ehrungen der Deutschen Jugendfeuerwehr	23
3	**Struktur der Feuerwehren**	24
3.1	Berufliche Feuerwehren	24
3.2	Freiwillige Feuerwehren	25
4	**Ehrenamt**.	28
4.1	Ehrenamt allgemein.	28
4.2	Ehrenamtlichkeit in der Freiwilligen Feuerwehr . .	29
4.3	Ehrenamtliche in der Jugendfeuerwehr	31

5	**Jugendfeuerwehren in den Bundesländern**	33
6	**Warum eine Jugendfeuerwehr?**	39
6.1	Gründung einer Jugendfeuerwehr	43
6.1.1	Personelle Voraussetzungen	46
6.1.2	Jugendfeuerwehrmitglieder	47
6.1.3	Gründungsversammlung	48
6.2	Aufbau und Struktur der Jugendfeuerwehr	51
6.2.1	Mitgliederversammlung	51
6.2.2	Jugendausschuss	52
6.2.3	Jugendforum	52
6.2.4	Gemeinde-Jugendfeuerwehrausschuss	53
6.2.5	Kreis-Jugendfeuerwehrausschuss	55
6.2.6	Bezirks-Jugendfeuerwehrausschuss	55
6.2.7	Landes-Jugendfeuerwehrausschuss	55
6.2.8	Deutscher Jugendfeuerwehrausschuss	56
6.2.9	Bundesjugendleitung	56
7	**Jugendfeuerwehrwart/in**	59
7.1	Qualifikation des Jugendfeuerwehrwartes	59
7.1.1	Jugendpflegerische Tätigkeit	62
7.2	Jugendleiter/in (Juleica)	64
7.2.1	Wie bekommt man die Juleica?	66
8	**Aus- und Fortbildung**	67
8.1	Dienstplangestaltung	68
8.2	Ausbildungs-/Leistungsnachweise	72
8.3	Wettbewerbe	77

9	**Allgemeine Jugendarbeit**	83
9.1	Spiel und Sport	83
9.2	Freizeiten und Begegnungen	86
9.3	Aktivitäten, Basteln und Werken (Kreativteile)	93
10	**Versicherungsschutz**	97
10.1	Unfallversicherung	97
10.2	Haftpflichtversicherung	101
11	**Rechtsfragen**	104
11.1	Jugendschutzgesetz	104
11.1.1	Allgemeines	108
11.1.2	Jugendschutz in der Öffentlichkeit	110
11.1.3	Jugendschutz im Bereich der Medien	113
11.2	Aufsichtspflicht	115
11.2.1	Erfüllung der Aufsichtspflicht	116
11.2.2	Überwachung	118
11.2.3	Verwarnungen	119
11.2.4	Haftung	121
11.3	Bundeskinderschutzgesetz/Führungszeugnis	123
11.3.1	Führungszeugnis	123
11.3.2	Verdacht Kindeswohlgefährdung	123
11.3.3	Führungszeugnisse in der Kinder-/Jugendfeuerwehr	125
11.3.4	Auszug aus dem BKiSchG	126
12	**Internationale Jugendarbeit**	128
12.1	Kinder- und Jugendplan	130
12.2	Deutsch-Französisches Jugendwerk	131

12.3	Deutsch-Polnisches Jugendwerk	131
12.4	CTIF	132
13	**Öffentlichkeitsarbeit**	134
13.1	Möglichkeiten der Öffentlichkeitsarbeit	135
14	**Wechsel von der Jugendfeuerwehr in die Einsatzabteilung**	138
14.1	Vorbereitung der Jugendfeuerwehr	138
14.2	Vorbereitung der Freiwilligen Feuerwehr	141
15	**Kinderfeuerwehren**	144
16	**Brandschutzerziehung**	154

Anschriften 158

Abkürzungen 160

Literaturverzeichnis 162

Vorwort

Die Jugendfeuerwehren sind seit Jahrzehnten ein wichtiger Bestandteil der Freiwilligen Feuerwehren in Deutschland und anderen europäischen Ländern. Dabei gehört die Nachwuchsgewinnung für das Ehrenamt in der Freiwilligen Feuerwehr genauso in den Mittelpunkt, wie auch die sinnvolle und zielführende Jugendarbeit. Gerade mit der Jugendarbeit werden Kinder und Jugendliche an unser Gesellschaftssystem und unsere Demokratie herangeführt.

Für viele Kinder ist ein Wunsch, einmal zur Feuerwehr zu gehen. Daher ist es nur selbstverständlich, dass wir diese positive Einstellung von Kindern aufgreifen und im zunehmenden Maße Kinderfeuerwehren gründen. Bei den Kindern steht der spielerische Gedanke im Vordergrund. Diesen gilt es zu nutzen und zu bewahren. Den Betreuern und Jugendfeuerwehrwarten kommt also eine immer größere Bedeutung zu. Es ist eine der verantwortungsvollsten Aufgaben, unsere heranwachsenden Generationen für die Ideale des bürgerschaftlichen Engagements und der Freiwilligen Feuerwehr zu begeistern. Für jeden Feuerwehrführer muss es eine Selbstverständlichkeit sein, die Kinder- und Jugendfeuerwehren zu fördern.

Das vorliegende Rote Heft soll eine Motivation für die Führungskräfte, Betreuer und Jugendfeuerwehrwarte sein, aber auch für Mitglieder von Jugendfeuerwehren, Demokratie, Verantwortung für andere Menschen und die wunderbare Aufgabe der Feuerwehren zu leben und zu fördern.

Dipl.-Ing. Hartmut Ziebs
Präsident des Deutschen Feuerwehrverbandes e.V.

1 Einleitung

Dank eines erfreulichen Interesses an diesem »Roten Heft« liegt hiermit nun die zweite Auflage vor. Natürlich gibt es viele Bereiche, so z. B. die geschichtliche Entwicklung, die unverändert sind. Fast alle Vordrucke, Tabellen und Grafiken wurden, soweit erforderlich, aktualisiert und ergänzt. So kam u. a. das Thema Recht am Bild und Internet mit Vordruck hinzu.

Zum Thema »Jugendfeuerwehr« gibt es umfangreiches Informationsmaterial. Es wäre schier unmöglich, alle erforderlichen Nuancen und Bereiche, die in der Jugendarbeit der Jugendfeuerwehren abgedeckt werden und auch zu beachten sind, zusammenzufassen. Dieses Rote Heft soll einen Gesamtüberblick über das Spektrum der Jugendfeuerwehr geben und möglichst viele Bereiche der Jugendarbeit anreißen. Allein schon der Komplex der rechtlichen Grundlagen, vom Jugendschutz bis zur Aufsichtspflicht und vom Brandschutzgesetz bis zur Jugendordnung, ist so umfassend, dass man hier für detailliertere Informationen auf spezifische Lektüre zurückgreifen muss. Um die gesamte Bandbreite darzustellen, dürfen natürlich die geschichtliche Entwicklung, aber auch die Struktur der Feuerwehr und der Jugendfeuerwehr sowie Themen wie die Ehrenamtlichkeit und Freiwilligkeit nicht ausgelassen werden. Zunehmend wichtige Bereiche wie Brandschutzerziehung und Kinderfeuerwehren sind mit erwähnt, aber auch die Öffentlichkeitsarbeit und die Bedeutung der internationalen Jugendarbeit in einem immer mehr zusammenwachsenden Europa haben einen kleinen Platz gefunden.

Neue Themenbereiche wie das Bundeskinderschutzgesetz, die Erfordernis des Vorlegens eines erweiterten Führungszeugnisses oder das Thema Kindeswohlgefährdung kamen hinzu. Der Bereich Kinderfeuerwehr (Kinder in der Feuerwehr) wurde ergänzt.

Jugendarbeit ist ein vielfach publiziertes und doch immer wieder neu zu entdeckendes Arbeitsfeld, in dem es sicher keine Patentrezepte gibt und vielfach das notwendige Fingerspitzengefühl, gemischt mit einem Quäntchen pädagogischen Geschick sowie einer erheblichen Portion Engagement zum Erfolg führt. Eine gesunde Kombination zwischen Ausbildung und Freizeitgestaltung machten es der Jugendfeuerwehrarbeit leicht, sich für viele interessierte Kinder und Jugendliche ungeachtet ihrer Herkunft, ihres Geschlechts, ihrer Religion oder Hautfarbe zu öffnen.

Trotz der immer mehr zunehmenden »Gender«-Bewegung wird in diesem Roten Heft im Interesse der Lesbarkeit weitgehend auf die weibliche Form verzichtet. Keineswegs soll hiermit die Leistung der Mädchen und Frauen in der Jugendfeuerwehrarbeit diskriminiert werden, auch der Verfasser hat sich in hohem Maße für die Gleichbehandlung und Akzeptanz der Mädchen und Frauen in den Jugendfeuerwehren und Feuerwehren eingesetzt.

Da die Freiwilligen Feuerwehren und somit auch die Jugendfeuerwehren Ländersache sind, ist im Einzelfall auf die jeweilige landesspezifische Regelung durch die Brandschutzgesetzgebung wie auch auf versicherungsrechtliche Fragen zu achten.

2 Geschichtliche Entwicklung

In dem sehr umfangreichen Werk »Jugendfeuerwehren in Deutschland – Entwicklungsgeschichte« setzt sich der ehemalige Generalsekretär des Deutschen Feuerwehrverbandes, Benno Ladwig, mit eben diesem Thema sehr ausführlich auseinander.

Bereits viele Jahre vor der Gründung der Deutschen Jugendfeuerwehr (DJF) im Deutschen Feuerwehrverband (DFV) im Jahr 1964 in Berlin gab es junge Menschen im Feuerwehrdienst. Diese Gruppierungen trugen unter anderem Bezeichnungen wie Schülerfeuerwehr, Schulfeuerwehr, Knabenfeuerwehr, Bubenfeuerwehr, Gymnasialfeuerwehr, Seminarfeuerwehr, Jugendabteilung, Jugendwehr und viele andere mehr.

2.1 Die Anfänge

Glaubwürdigen Schilderungen zufolge, wurde bereits im Jahr 1865 eine Gymnasialfeuerwehr in Wernigerode gegründet.

Als vermutlich älteste (freiwillige) Jugendfeuerwehr Deutschlands gilt die Jugendfeuerwehr Övenum auf der Nordseeinsel Föhr. Ein Gründungsprotokoll vom 12. Februar 1882, das noch im Original erhalten ist, bestätigt dies eindrucksvoll. Aus alten Protokollen ist bekannt, dass sich an diesem Tag 22 Jungen im Alter von

6 bis 15 Jahren in der Schule trafen, um eine freiwillige Jugendfeuerwehr zu gründen. Dies wurde für erforderlich gehalten, weil die meisten Männer der Insel in den Sommermonaten zur See fuhren. Das Löschen von Schadenfeuern war somit Aufgabe der Frauen, für die die Bildung der Jugendfeuerwehr eine große Unterstützung darstellte. Jeder Junge musste von zu Hause einen blauen Kittel und einen ledernen Leibriemen mitbringen. Zur Komplettierung der Uniform dienten ausrangierte Mützen der Freiwilligen Feuerwehr. Damit zum Üben die notwendige Ausrüstung vorhanden war, wurden zwei Geldsammlungen in der Ortschaft Föhr durchgeführt. Danach konnten kleine Dachleitern sowie eine Gartenspritze angeschafft werden. Noch im Gründungsjahr rückte die Jugendfeuerwehr zu einem brennenden Gasthof in Niederblum aus. Dieses war, soweit bis heute bekannt ist, der erste aktive Einsatz einer freiwilligen Jugendfeuerwehr in Deutschland.

2.2 Militärische Jugendfeuerwehren

Für Jugendfeuerwehren wird häufig fälschlicherweise auch die Bezeichnung »Jugendwehr« gewählt. Anfang des 20. Jahrhunderts gab es in verschiedenen Ländern wie England, Frankreich, Italien, Österreich, Schweden und der Schweiz tatsächlich militärische Jugendorganisationen. Diese hatten das Ziel, die Wehrkraft der jungen Leute zu heben, dementsprechend ging es überwiegend um militärische Jugenderziehung. Auch in Deutschland wurde nach ausländischen Vorbildern, beispielsweise bereits 1896 in Berlin, eine mehr als 4000 Jugendliche umfassende Jugendwehr aufgestellt. Diese war in verschiedene Kompanien gegliedert und hatte u. a. eine Marineabteilung und eine Sanitätskolonne. Trotz der militärischen Organisation wurde großer Wert auf sportliche und turnerische Ausbildung gelegt. Die Infanteriedienste in den Kompanien wurden ohne Gewehr betrieben.

2.3 HJ-Feuerwehren

Eine Fortführung der sich im Aufbau befindlichen Jugendgruppen bei Freiwilligen Feuerwehren wurde während des Dritten Reiches unterbunden. Mit Gesetz vom 15. Dezember 1933 begann eine gezielte Strukturveränderung des Feuerlöschwesens. Die Freiwilligen Feuerwehren wurden Ende 1939 durch ein Reichsgesetz zwangsweise der Polizei zugeordnet. Die Auflösung der Feuerwehrverbände und -vereine hatte zur Folge, dass die Freiwillige Feuerwehr eine Hilfspolizeitruppe wurde.

Bereits bestehende Jugendfeuerwehren wurden nach zusätzlicher Unterweisung zu Hilfseinrichtungen des Selbstschutzes umfunktioniert. Ziel war es, die Jugendfeuerwehren in die Hitler-Jugend (HJ) einzugliedern. Eine Umfrage vom 18. Mai 1938 ergab, dass es in Deutschland weitaus mehr Jugendfeuerwehren gab, als allgemein bekannt war. Im Wesentlichen handelte es sich dabei um Gruppen, die im Rahmen des Luftschutzes aufgestellt worden waren. Oft waren auch Mädchen in diesen Jugendfeuerwehren aktiv, was allerdings – vom Standpunkt der Feuerwehren aus gesehen – nicht erwünscht war.

In einer Anordnung wurden eigenmächtige Gründungen von Jugendfeuerwehren bis auf Weiteres untersagt. Allerdings durften bereits vor dem 1. April 1938 bestehende Jugendfeuerwehren weiterarbeiten. Die Ausbildung wurde zunehmend vereinheitlicht, die Teilnahme von Jugendlichen unter 14 Jahren und Mädchen verboten. In einer Vereinbarung zwischen dem Reichsjugendführer, dem Reichsführer SS und dem Chef der Deutschen Polizei vom 21. April 1939 wurde u. a. festgelegt, dass, je nach örtlichem Bedarf, Hilfskräfte aus der HJ im Feuerlöschdienst ausgebildet werden. Die für diesen Dienst abkommandierten Jungen trugen die blaue Hitler-Jugend-Dienstmütze, alle weiteren Ausrüstungsgegenstände waren von der jeweiligen Gemeinde zur Verfügung zu stellen.

Im März 1940 fand an der Hannoverschen Provinzial-Feuerwehrschule in Celle erstmals ein Lehrgang für 70 Führer der HJ-Feuerwehren statt. Danach wurden derartige Lehrgänge regelmäßig, auch an anderen Feuerwehrschulen, durchgeführt. Aufgrund der durch den Krieg geschwächten Feuerwehren wurden zunehmend HJ-Feuerwehren gebildet. So appellierte beispielsweise der Bürgermeister von Katlenburg im Juli 1940 an die Jugend, woraufhin sich sofort 14 Jungen im Alter zwischen 15 und 17 Jahren meldeten. Da alle aus der Hitler-Jugend kamen, nannte man sie HJ-Feuerwehr. Ihre Uniform bestand aus der HJ-Uniform, alten Feuerwehr-Lederhelmen und schwarz-roten Gewebe-Breitgurten (Bild 1).

Aus den bisherigen Darstellungen wird deutlich, dass die HJ-Feuerwehren in keinem Fall als Vorläufer oder gar Vorbild der heutigen Jugendfeuerwehren zu sehen sind. Dieses betonte auch der spätere Ehrenpräsident des Deutschen Feuerwehrverbandes,

Bild 1: HJ-Feuerwehr Katlenburg um 1940 (Quelle: Chronik FF Katlenburg)

Albert Bürger, anlässlich des zehnjährigen Bestehens der Jugendfeuerwehren in Baden-Württemberg am 23. Januar 1983.

2.4 Der Weg zur Deutschen Jugendfeuerwehr

Der Gedanke, eine Jugendfeuerwehr zu gründen, breitete sich flächendeckend aus und wurde zunehmend, zum Teil auch gegen erhebliche Widerstände, durchgesetzt. Dabei waren zahlreiche emotionale, rechtliche und versicherungsbedingte Hindernisse zu überwinden. Die Idee, Nachwuchs für die Freiwilligen Feuerwehren zu sichern, stand sicher vielfach im Vordergrund, doch es zeigte sich schnell, dass Jugendarbeit in der Feuerwehr viel mehr als nur Nachwuchsarbeit bedeutet.

In vielen Bundesländern wollten die Verantwortlichen Jugendliche wegen des gesetzlich vorgegebenen Eintrittsalters nicht in die Freiwilligen Feuerwehren aufnehmen. Aus demselben Grund übernahmen die Unfallversicherungsträger auch keinen Unfallversicherungsschutz für Jugendliche – eine zusätzliche Belastung für Wehrführungen und Gemeinden, die trotzdem Jugendfeuerwehren gründeten.

Die Schwerpunkte bisheriger Jugendfeuerwehr-Gründungen lagen vor allem in den Ländern Schleswig-Holstein und Niedersachsen. Dort befassten sich die Verantwortlichen in den Landesfeuerwehrverbänden zunehmend mit dem Thema. Zahlreiche Wege wurden beschritten, so übernahm z. B. in Niedersachsen der Schülerunfall-Schadenausgleich (Schufag) den Versicherungsschutz für Jugendgruppen in Freiwilligen Feuerwehren, wenn diese durch das Landesjugendamt und den Landesjugendring sowie den zuständigen Kreis-Jugendpfleger und das Jugendamt anerkannt und gemeldet waren. Wegen der zunehmenden Forderungen nach einer gesetzlichen Absicherung sahen sich die Verantwortlichen in Politik und Verwaltung auf Landesebene gezwungen, Jugendfeuerwehren zu genehmigen. Erst im Oktober 1961 bestätigte beispielsweise das niedersächsische Ministerium des Inneren, dass die Absicht bestehe, bei der Neufassung des Feuerschutzgesetzes auch die Bildung von Jugendfeuerwehren vorzusehen. Mit Erlass vom 22. November 1962 teilte der niedersächsische Sozialminister mit, dass der Unfallversicherungsschutz der Mitglieder der Jugendfeuerwehren bei der Feuerwehrunfallkasse sichergestellt ist.

Einem Erlass des Landesamtes für Brandschutz Schleswig-Holstein aus dem Jahr 1960 ist zu entnehmen, dass Jugendfeuerwehren offiziell anerkannt werden, wenn nachfolgende Bedingungen erfüllt sind:
- Mindeststärke 12 Jugendliche,
- Alter 12 bis 17 Jahre,
- eigene Satzung,
- Zustimmung der Gemeindevertretung sowie
- Anerkennung durch die Kreiswehrführer.

Auch wenn die Notwendigkeit der Bildung von Jugendfeuerwehren auf eine immer größere Zustimmung stieß, konnten sich zu diesem Zeitpunkt einige Bundesländer noch nicht dazu entschließen, den Weg für die Jugendfeuerwehr freizumachen. So informierte der Gemeinde-Unfallversicherungsverband Rheinland-Pfalz am 3. Juli 1962 seine Stadt- und Amtsverwaltungen, dass nach der Motorisierung der Feuerwehren nirgendwo im Lande Nachwuchssorgen bemerkbar wären. Wenn trotzdem Jugendabteilungen innerhalb der Freiwilligen Feuerwehr aufgestellt würden, hätten die Verantwortlichen große Verantwortung übernommen.

Trotzdem stieg die Zahl der Neugründungen stetig an. So wurden 1961 sieben, 1962 sechsunddreißig, 1963 dreiunddreißig und 1964, dem Gründungsjahr der Deutschen Jugendfeuerwehr (DJF), fünfundfünfzig Neugründungen bekannt. Der Landesfeuerwehrverband Niedersachsen ergriff 1962 die Initiative und lud zu einem ersten Treffen der Jugendfeuerwehren am 2. und 3. Juni 1962 nach Holzminden ein. Diese Veranstaltung, an der 17 Jugendfeuerwehren teilnahmen, gilt als Gründung der »Niedersächsischen Jugendfeuerwehr«. Im Rahmen des Landesfeuerwehrtages Schleswig-Holstein vom 20. bis 23. Juni 1963 in Neumünster fand das erste Jugendtreffen auf Landesebene in Schleswig-Holstein statt.

Bereits beim 22. Deutschen Feuerwehrtag 1953 in Ulm machte der damalige Präsident des DFV, Albert Bürger, den ersten Anlauf, indem das Thema »Nachwuchsförderung in den Feuerwehren« auf die Tagesordnung kam. Allerdings vermied es Präsident Bürger aufgrund der ablehnenden Haltung der Mitglieder des Deutschen Feuerwehrausschusses 1957, das Thema »Jugendfeuerwehren« offiziell auf die Tagesordnung zu nehmen. Dieses Thema wurde ohne Vorankündigung unter »Verschiedenes« behandelt. In einer Sitzung der Kommunalen Spitzenverbände im Juni 1964 in Köln-Marienburg begrüßten diese den Gedanken, Jugendfeuerwehren eine rechtliche Organisationsform zu geben, und unterstützten die Absicht, Jugendliche frühzeitig für die Feuerwehren zu gewinnen. Allerdings kam man zu dem Schluss, dass es erforderlich sei, in den Ländern Änderungen der Feuerschutzgesetze vorzunehmen. In einer Ortssatzung in Hannover wurde geregelt, dass Jugendliche im Alter von 12 bis 14 Jahren der Jugendgruppe einer Freiwilligen Feuerwehr beitreten können. Diese hatte etwa 100 Mitglieder, die später in die Freiwillige Feuerwehr oder Berufsfeuerwehr wechselten. Dieses Beispiel zeigt, dass auch in Großstädten positive Erfahrungen mit Jugendfeuerwehren gemacht wurden.

In der Sitzung des Deutschen Feuerwehrausschusses im September 1964 in Wolfsburg wurde die künftige Organisationsform der Jugendfeuerwehr eingehend diskutiert. Der Jugendfeuerwehr als Teil der Freiwilligen Feuerwehr keine eigene Satzung, sondern eine »Ordnung« zu geben, die ihre Selbstständigkeit innerhalb der Freiwilligen Feuerwehr regelt, fand breite Zustimmung. Bis zum 1. Oktober 1964 waren beim Generalsekretariat des Deutschen Feuerwehrverbandes 574 Jugendfeuerwehren mit 9 500 Mitgliedern, verteilt auf acht Bundesländer, zum Zusammenschluss in der Deutschen Jugendfeuerwehr gemeldet. Mit Beschluss der Delegiertenversammlung des Deutschen Feuerwehrverbandes vom 31. Oktober 1964 in Berlin wurde die Bildung der Deutschen Jugendfeuerwehr vollzogen. Die Ordnung der Jugendfeuerwehren wurde beschlossen und Oberbrandmeister Paul Augustin aus Schleswig-Holstein mit den Aufgaben des Bundesjugendleiters beauftragt. Der Generalsekretär des DFV, Benno Ladwig, übernahm die Verwaltungsaufgaben der Deutschen Jugendfeuerwehr.

2.5 Aufbau der Deutschen Jugendfeuerwehr

Der Aufbau der Deutschen Jugendfeuerwehr nahm einen rasanten Verlauf. Jugendgruppenleiter-Lehrgänge wurden angeboten, die Grundsätze der Jugendordnung mit Leben erfüllt. Ein Abzeichen der Deutschen Jugendfeuerwehr, welches das Emblem des Deutschen Feuerwehrverbandes verbunden mit einem Flammensymbol und einem Ring mit dem Text »Deutsche Jugendfeuerwehr« trägt, wurde kreiert (Bild 2). Dieses gab es dann als Ansteckabzeichen für den Zivilanzug, als Mützenabzeichen und später als Ehrennadel mit Ergänzung durch ein silbernes Eichenblatt.

Es wurden einheitliche Empfehlungen für einen Übungsanzug (Kombinationsanzug) mit einem Jugendfeuerwehrschutzhelm

Bild 2: Abzeichen der Deutschen Jugendfeuerwehr (Quelle: Versandhaus des Deutschen Feuerwehrverband GmbH, Bonn)

und einer Jugendfeuerwehrmütze herausgegeben. Die Leistungsspange sowie der Bundeswettbewerb (Bild 3) wurden eingeführt und der Wimpel der Deutschen Jugendfeuerwehr mit deren Emblem auf der einen und dem Gemeinde- oder Ortswappen auf der anderen Seite herausgebracht. Auch der Mitgliedsausweis für Jugendfeuerwehrmitglieder, die Jugendfeuerwehr-Fibel sowie zahlreiche Vordrucke – vom Aufnahmegesuch über Anmeldevordrucke, Jahresberichte bis hin zum Dienstbuch – kamen über die Deutsche Jugendfeuerwehr an die Jugendfeuerwehren. Die Jugendfeuerwehr-Fibel enthielt u. a. eine Zusammenfassung aller Verlautbarungen der Deutschen Jugendfeuerwehren sowie wichtige Informationsquellen für die Jugendfeuerwehren.

Bild 3: Letzte Absprachen vor dem Start zum A-Teil des Bundeswettbewerbs (Foto: Dieter Fröchtenicht)

Die Förderungswürdigkeit wurde zuerst 1966 in Hessen erlangt, andere Bundesländer folgten, sodass 1972 die Anerkennung auf Bundesebene erfolgen konnte.

Der 1. Deutsche Jugendfeuerwehrtag fand im Rahmen eines Bundesjugendtreffens am 7. August 1965 in Duisdorf statt. Zu diesem Zeitpunkt gab es 634 Jugendfeuerwehren mit 10 200 Mitgliedern.

Die folgenden Zuwächse lassen sich aus den Tabellen 1 und 2 ablesen.

Tabelle 1: Anzahl der Jugendfeuerwehren in Deutschland

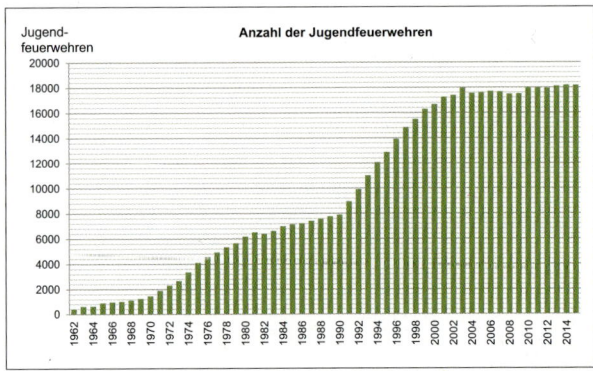

Tabelle 2: Mitgliederentwicklung der Jugendfeuerwehren in Deutschland

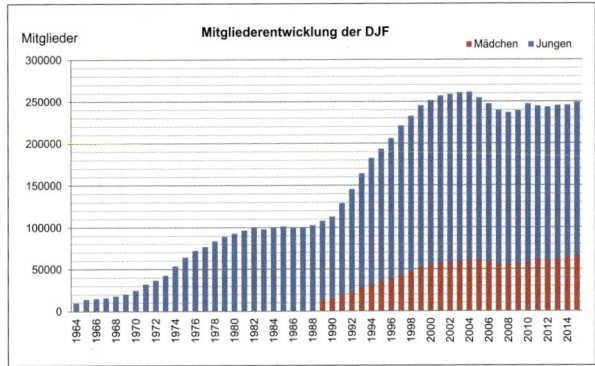

2.6 Ehrungen der Deutschen Jugendfeuerwehr

Neben zahlreichen Ehrungen im Feuerwehrwesen hat die Deutsche Jugendfeuerwehr die Ehrennadel zu verleihen. Diese wurde 1965 als Ehrennadel in Silber vom Präsidenten des Deutschen Feuerwehrverbandes gestiftet. Im Jahr 1989 kam die Ehrennadel in Gold dazu (*www.jugendfeuerwehr.de/service/downloadcenter/ehrennadel/*).

Ehrennadel der Deutschen Jugendfeuerwehr in Silber

Ehrennadel der Deutschen Jugendfeuerwehr in Gold

3 Struktur der Feuerwehren

Die Feuerwehren in Deutschland lassen sich in folgende Kategorien unterteilen: Berufsfeuerwehren, Freiwillige Feuerwehren, Werkfeuerwehren, Bundeswehrfeuerwehren und Pflichtfeuerwehren. Zurzeit gibt es in Deutschland 106 Berufsfeuerwehren mit rund 30 000 Mitgliedern, zirka 22 500 Freiwillige Feuerwehren mit rund 1,01 Millionen Mitgliedern (ohne Jugendfeuerwehren) sowie zirka 780 Werkfeuerwehren mit mehr als 32 000 Mitgliedern. Die Bundeswehr hat zurzeit 62 Feuerwachen mit rund 3 000 Dienstposten. Pflichtfeuerwehren können von den Gemeinden im Bedarfsfall eingerichtet werden, wenn der Brandschutz nicht mehr sichergestellt ist (z. B. bei Auflösung der Freiwilligen Feuerwehr). Zurzeit gibt es in Deutschland etwa eine Hand voll Pflichtfeuerwehren.

3.1 Berufliche Feuerwehren

Berufsfeuerwehren gibt es in der Regel in allen deutschen Städten mit mehr als 100 000 Einwohnern. Die erste Berufsfeuerwehr wurde 1854 in Berlin-Mitte gegründet. Berufsfeuerwehren sind eine kommunale Einrichtung, deren Personal sich zumeist aus Beamten des feuerwehrtechnischen Dienstes sowie (Verwaltungs-)Angestellten zusammensetzt. Nähere Auskünfte zum Beruf und dessen Voraussetzungen geben die jeweiligen Berufsfeuerwehren.

Werkfeuerwehren sind nichtöffentliche Feuerwehren, die von größeren Betrieben zur Sicherstellung des Brandschutzes aufgestellt werden müssen. Die Mitglieder können sowohl haupt- wie auch nebenberuflich (Arbeiter und Angestellte des Betriebs, die im Einsatzfall zur Verfügung stehen) sein. Die Mitglieder der Werkfeuerwehren sind meist entsprechend der Gefahren und Einsatzbedingungen des Betriebes ausgebildet (z. B. Chemiebetrieb, Flughafen etc.).

Bundeswehrfeuerwehren gibt es nicht auf jedem Bundeswehrgelände, oft wurde der Brandschutz auch den örtlichen Feuerwehren übertragen. In Liegenschaften mit besonderen Gefahrenschwerpunkten wie Truppenübungsplätze, Munitionsdepots oder auch Marinestützpunkte und Flughäfen unterhält die Bundeswehr dagegen in der Regel eigene Feuerwehren.

3.2 Freiwillige Feuerwehren

Da Jugendfeuerwehren (abgesehen von einer Ausnahme bei einer Werkfeuerwehr) ausschließlich bei Freiwilligen Feuerwehren zu finden sind, soll hier auf die Freiwilligen Feuerwehren etwas näher eingegangen werden.

Mehrere Feuerwehren erheben den Anspruch, die älteste Freiwillige Feuerwehr in Deutschland zu sein. Ganz gewiss zu den ältesten Freiwilligen Feuerwehren zählt die aus Saarlouis (Saarland), deren Gründung um 1811 durch die damals zuständige französische Regierung erfolgte. Mit der »Spritzengemeinschaft Kierspe-Neuhaus« in Nordrhein-Westfalen wurde vermutlich die erste Feuerwehr in Deutschland gegründet. Im Jahr 1841 wurde die Freiwillige Feuerwehr in Meißen (Sachsen) gegründet, die sich als die erste »Freiwillige Feuerwehr« in Deutschland bezeichnet.

In der nunmehr fast 200-jährigen Geschichte des freiwilligen Feuerlöschwesens haben sich die Aufgabenbereiche sowie auch die Ausrüstung und Ausbildung der Feuerwehren grundlegend verändert. Die technische Ausstattung sowie auch die Ausbildung sind aufgrund von Normen sowie einheitlicher Feuerwehr-Dienstvorschriften heute in allen Bundesländern nahezu identisch. Bezüglich der Finanzierung des Feuerwehrwesens und dessen Organisationsstruktur gibt es jedoch erhebliche Unterschiede. Daher ist es notwendig, sich an den für den eigenen Wohnort geltenden Vorgaben des jeweiligen Bundeslandes zu orientieren.

In den jeweiligen Landesgesetzen ist einheitlich geregelt, dass es sich bei der Feuerwehr um eine öffentlich-rechtliche Einrichtung handelt, die im Rahmen der Amtshilfe auch für andere tätig werden kann. Gemeinden haben im Normalfall eine Freiwillige Feuerwehr, die an mehreren Standorten (z. B. Ortsfeuerwehren) angesiedelt sein kann. Die Ausstattung und Ausrüstung dieser Feuerwehren richtet sich sowohl nach den gesetzlichen Vorgaben als auch nach dem vor Ort vorhandenen Gefahrenpotenzial, das sich u. a. aus vorhandenen Autobahnen, Verkehrsknotenpunkten, Bahnstrecken, Wasserstraßen oder auch größeren Gewerbe- oder Industrieansiedlungen ergibt. Selbstverständlich ist auch die Einwohnerzahl von nicht unwesentlicher Bedeutung für die Größe einer Freiwilligen Feuerwehren.

Personell bestehen Freiwillige Feuerwehren im Wesentlichen aus Mitgliedern (Frauen und Männer), die je nach Landesgesetzgebung im Alter zwischen 16 und 18 Jahren in den aktiven Dienst der Einsatzabteilung eintreten und mit Erreichen der Altersgrenze von 60 bis 65 Jahren wieder ausscheiden bzw. in die Alters-/Ehrenabteilung überwechseln (siehe auch Tabelle 4). Für den Eintritt in die Einsatzabteilung müssen bestimmte Voraussetzungen erfüllt werden, so z. B. die geistige und körperliche Eignung, ein Mindestalter, meist eine Ortsansässigkeit usw. Die Entscheidung über die Aufnahme in die Feuerwehr trifft je nach Landesrecht die Feuerwehr oder auch die Gemeinde bzw. Stadt.

Aufgrund der ständig zunehmenden Gefahren im Einsatzdienst ist eine qualifizierte Ausbildung heute unverzichtbar. Dies bezieht sich sowohl auf die praktische wie auch theoretische Ausbildung. Die Ausbildung der Feuerwehrmitglieder beginnt auf kommunaler Ebene mit der Grundausbildung (Truppmann Teil 1). Die Aus- und Weiterbildung erfolgt dann zumeist auf Kreisebene, Führungslehrgänge und weiterführende Lehrgänge (Gruppenführer, Zugführer usw.) werden in der Regel an den Landesfeuerwehrschulen durchgeführt.

Die Dienstgrade innerhalb der Feuerwehr sind – je nach Regelung in den einzelnen Bundesländern – an absolvierte Lehrgänge, übernommene Funktionen oder auch abgeleistete Dienstzeiten gekoppelt. Die Führungsstruktur innerhalb der Freiwilligen Feuerwehr regelt die Weisungsbefugnisse gegenüber Feuerwehrmitgliedern im Dienst, ergibt sich jedoch nicht automatisch aus höheren Dienstgraden.

Grundsätzlich ist festzustellen, dass auch in Städten mit Berufsfeuerwehren Freiwillige Feuerwehren vorhanden sind.

4 Ehrenamt

Eine tragende Säule der Gesellschaft in Deutschland ist die Ehrenamtlichkeit. Sie findet sich insbesondere in Vereinen, Verbänden und Organisationen und ist in kaum einem anderen Land so ausgeprägt wie in Deutschland.

4.1 Ehrenamt allgemein

Die Ehrenamtlichkeit ist eine tragende Säule unseres Gemeinwesens, ohne die unsere freiheitlich-demokratische Gesellschaft kaum denkbar wäre. In Deutschland engagieren sich mehr als zehn Millionen Menschen ehrenamtlich und übernehmen mit ihrer Arbeit Verantwortung für zahlreiche, ganz unterschiedliche Bereiche. Wertvolle Elemente unserer Gesellschaft wären nicht vorstellbar, wenn nicht Millionen von Menschen bereit wären, sich für die Belange ihrer Nächsten oder der Allgemeinheit zu engagieren. Hierbei macht es keinen Unterschied, ob sie sich in Kirchen, Vereinen und Verbänden, Parteien, Bürgerinitiativen oder auch in der Feuerwehr zum Wohl anderer engagieren. Die Bereitschaft von Menschen, sich unentgeltlich und freiwillig für andere zu engagieren, ist unentbehrlich für unser Gemeinwohl. Ehrenamtliches Engagement ist Ausdruck gelebter Solidarität, hebt die

Bedeutung der Ehrenamtlichen in der Gesellschaft hervor und macht sie zu Vorbildern.

»Wer sich solidarisch engagiert, hilft nicht nur anderen, sondern er hilft auch, und in besonderer Weise, sich selbst und seinem eigenen Selbstwertgefühl«, sagte einmal der frühere Bundespräsident Roman Herzog. Es ist unverzichtbar, immer wieder auf die Bedeutung und den Wert ehrenamtlichen Engagements hinzuweisen und auch darüber nachzudenken, wie noch mehr Menschen für die Übernahme ehrenamtlicher Aufgaben gewonnen werden können. Unter dem allgemeinen Druck der Arbeitswelt, aus Familie und Freundeskreis sowie zusätzlicher eigener Belastungen wird der Förderung und Anerkennung der Ehrenamtlichkeit zunehmend mehr Aufmerksamkeit gewidmet werden müssen.

4.2 Ehrenamtlichkeit in der Freiwilligen Feuerwehr

Was wäre unser Freiwilliges Feuerwehrwesen ohne das ehrenamtliche Engagement und den selbstlosen Einsatz von unzähligen Feuerwehrmitgliedern? Zumindest kann man feststellen, dass es, auch mit Hinblick auf die öffentliche Finanzlage, nicht bezahlbar und somit ohne Alternative wäre. Das dichte Netz Freiwilliger Feuerwehren in Deutschland ist ein Garant für eine schnelle, effektive und wirkungsvolle Hilfe.

Trotzdem darf nicht übersehen werden, dass eine Vereinbarkeit von Beruf und dem Ehrenamt »Feuerwehr« zunehmend schwieriger wird. Die Erwartungen vieler Arbeitgeber, immer größer werdende Entfernungen zwischen Wohnort und Arbeitsplatz, Fortbildungen usw. stellen oftmals eine enorme Belastung im Berufsleben dar. Es wird immer mehr zum Problem, dass Arbeitgeber für ein ehrenamtliches Engagement in der Feuerwehr wenig Verständnis aufbringen und ein plötzliches Verlassen des Arbeitsplatzes aufgrund eines Feuerwehreinsatzes nicht erwünscht ist. Deshalb muss deutlich werden, dass ehrenamtlich in der Feuerwehr engagierte Personen für Arbeitgeber einen besonderen Wert darstellen. Belegen sie doch durch ihre Bereitschaft, sich freiwillig und unentgeltlich zum Wohle der Gemeinschaft zu engagieren, eine große soziale Verantwortung und Bereitschaft zur Mehrleistung, die sich auch am Arbeitsplatz positiv auswirkt.

Nachdem im Jahr 2015 die Anzahl von Flüchtlingen in Deutschland enorm angestiegen ist, haben die Freiwilligen Feuerwehren, neben anderen Hilfsorganisationen, einen erheblichen Beitrag in Form verschiedenster Unterstützung geleistet.

Obwohl die Brandschutzgesetzgebung eine Freistellung zu Ausbildungs- und Einsatzzwecken weitgehend garantiert, sind die zunehmend auftretenden Konflikte nicht zu übersehen. Die Notwendigkeit einer besseren Qualifikation und Ausbildung aufgrund gestiegener Anforderungen muss sowohl vom Träger der Feuerwehr, den Arbeitgebern wie auch den betroffenen Feuerwehrmitgliedern selbst gesehen werden. Trotzdem ist die Freistellung oft ein schwieriges Thema.

4.3 Ehrenamtliche in der Jugendfeuerwehr

Jugendfeuerwehrarbeit ohne ehrenamtliche Jugendfeuerwehrwarte wäre schlicht und ergreifend nicht vorstellbar und auch nicht machbar. Besonders unter dem Aspekt des demografischen Wandels müssen alle Anstrengungen unternommen werden, Ehrenamtliche in der Jugend(feuerwehr)arbeit zu stärken. Auch die Gemeinschaft der Feuerwehren lebt davon, dass Frauen und Männer in der Jugendfeuerwehrarbeit mitwirken und hierfür einen Teil ihrer Freizeit einsetzen. Trotzdem machen es viele Faktoren schwer, sich für die Übernahme eines so wichtigen Amtes wie das des Jugendfeuerwehrwartes zu entscheiden. Hier spielen nicht nur die im Kapitel 4.2 genannten Schwierigkeiten, sondern zunehmend auch strukturelle Probleme innerhalb der Feuerwehren eine Rolle.

Die ehrenamtliche Tätigkeit in der Jugendfeuerwehr ist ein gesellschafts- und sozialpolitisches Engagement, das einer besonderen Anerkennung bedarf. Die von Jugendfeuerwehrwarten, aber auch Betreuungskräften eingebrachten Leistungen über die Opferung ihrer Freizeit hinaus sind vielschichtig. Sei es die Konfrontation mit den Kollegen, die Belastung der Familie, die Übernahme diverser Kosten von Porto bis Telefon – und nicht zuletzt die Arbeit mit nicht gerade einfacher werdenden Kindern und Jugendlichen. Das Amt des Jugendfeuerwehrwartes erfordert nicht nur ein hohes Maß an sozialer Grundeinstellung, sondern auch Menschenkenntnis und eine entsprechende Qualifikation. Die Inhalte und Konzepte der Jugendarbeit – auch in den Jugendfeuerwehren – unterliegen einer ständigen Veränderung.

Bild 4: Jugendfeuerwehrwarte bei einem Bastellehrgang (Foto: Dieter Fröchtenicht)

Der Aufgabenbereich von Jugendfeuerwehrwarten, beginnend mit der Leitung der Jugendgruppe über die Mitarbeit in Organen, Organisation und Durchführung von Freizeitmaßnahmen bis hin zur Hilfestellung für Jugendfeuerwehrmitglieder – um nur einige Bereiche zu nennen – zeigt die große Bandbreite der Verantwortlichkeit auf und macht deutlich, dass dies ohne entsprechende Unterstützung und Akzeptanz kaum leistbar ist. Ehrenamtliche Mitarbeiter in der Jugendfeuerwehr haben daher nicht nur einen Anspruch auf entsprechende Qualifikation und Anerkennung, sondern sollten auch entsprechende Unterstützung durch die Führung der Feuerwehr, durch Eltern, Arbeitgeber und nicht zuletzt auch den Träger des Feuerschutzes bekommen.

5 Jugendfeuerwehren in den Bundesländern

In allen 16 Bundesländern der Bundesrepublik Deutschland gibt es Jugendfeuerwehren. Diese sind in der jeweiligen Brandschutzgesetzgebung verankert und festgeschrieben (Tabelle 3). Teilweise gibt es nur einen Hinweis mit der Möglichkeit, Jugendabteilungen zu gründen, verbunden mit einer Eintrittsaltersangabe. Teilweise sind aber auch eigene Paragrafen für die Jugendfeuerwehren, zum Teil sogar für Kinderfeuerwehren (Kindergruppen), vorhanden. Geregelt wird hier nicht nur das Eintrittsalter, sondern zum Teil auch der Übungs- und Ausbildungsdienst sowie die Leitung durch den Jugendfeuerwehrwart. Weitere Informationen sind in der Regel den Kommentierungen der jeweiligen Brandschutzgesetze zu entnehmen.

Tabelle 3: Übersicht der Brandschutzgesetze und Jugendordnungen der Bundesländer

Bundesland	Brandschutzgesetz	Datum: vom (letzte Änderung)	Jugendordnung vom
Baden-Württemberg (BW)	Feuerwehrgesetz (FwG)	02.03.2010 (17.12.2015)	23.10.2004
Bayern (BY)	Bayerisches Feuerwehrgesetz (BayFwG)	23.12.1981 (22.07.2014)	11.06.1994

Tabelle 3: (Fortsetzung)

Bundesland	Brandschutz-gesetz	Datum: vom (letzte Änderung)	Jugendordnung vom
Berlin (BE)	Gesetz über die Feuerwehren im Land Berlin (FwG)	23.09.2003 (19.03.2009)	26.10.2007
Brandenburg (BB)	Gesetz über den Brandschutz, die Hilfeleistung und den Katastrophenschutz (BbgBKG)	24.05.2004 (23.09.2008)	23.11.2013
Bremen (HB)	Bremisches Hilfeleistungsgesetz (BremHilfeG)	19.03.2009 (03.09.2013)	16.02.2012
Hamburg (HH)	Feuerwehrgesetz Hamburg (FeuerwG)	23.06.1986 (02.12.2013)	24.09.2011
Hessen (HE)	Hessisches Gesetz über den Brandschutz, die Allgemeine Hilfe und den Katastrophenschutz (HBKG)	14.01.2014	13.05.2007
Mecklenburg-Vorpommern (MV)	Brandschutz- und Hilfeleistungsgesetz (BrSchG)	21.12.2015 (05.01.2016)	18.10.2008
Niedersachsen (NI)	Niedersächsisches Brandschutzgesetz (NBrandSchG)	18.07.2012	29.05.2010 (11.07.2015)
Nordrhein-Westfalen (NW)	Gesetz über den Brandschutz, die Hilfeleistung und den Katastrophenschutz (BHKG)	17.12.2015	08.11.2014

Tabelle 3: (Fortsetzung)

Bundesland	Brandschutz-gesetz	Datum: vom (letzte Änderung)	Jugendordnung vom
Rheinland-Pfalz (RP)	Landesgesetz über den Brandschutz, die allgemeine Hilfe und den Katastrophenschutz (LBKG)	02.11.1981 (08.03.2016)	01.01.2011
Saarland (SL)	Gesetz über den Brandschutz, die Technische Hilfe und den Katastrophenschutz im Saarland (SBKG)	29.11.2006 (17.06.2015)	02.04.2004
Sachsen (SN)	Sächsisches Gesetz über den Brandschutz, Rettungsdienst und Katastrophenschutz (SächsBRKG)	24.06.2004 (29.04.2015)	08.01.2014
Sachsen-Anhalt (ST)	Brandschutz- und Hilfeleistungsgesetz (BrSchG)	07.06.2001 (17.06.2014)	24.11.2012
Schleswig-Holstein (SH)	Gesetz über den Brandschutz und die Hilfeleistungen der Feuerwehren (BrSchG)	10.02.1996 (16.03.2015)	22.04.2006
Thüringen (TH)	Thüringer Brand- und Katastrophenschutzgesetz (ThürBKG)	05.02.2008 (10.06.2014)	01.03.2014

Stand: 4/2016

Darüber hinaus gibt es in allen Ländern Jugendordnungen/Satzungen für die jeweilige Landes-Jugendfeuerwehr, in denen die Zugehörigkeit zu den Landesfeuerwehrverbänden geregelt ist. In diesen Jugendordnungen sind u. a. Zweck und Aufgaben, Mitgliedschaft und Organe, zum Teil aber auch Fachbereiche, Jugendforen, Finanzierung und Verwaltung sowie Gliederung verankert. Das Tagesgeschäft der Jugendfeuerwehr wiederum ist in einer Jugendordnung auf Orts- bzw. Gemeindeebene festgelegt. Diese Jugendordnungen werden von den zuständigen Gemeindeorganen verabschiedet und sind zumeist Bestandteil der Satzung der Freiwilligen Feuerwehr. Darüber hinaus gibt es noch die Jugendordnungen für die Kreis-Jugendfeuerwehr, in denen sich die enge Anbindung und Zugehörigkeit zu den Kreisfeuerwehrverbänden widerspiegelt. Außerdem sind wie in allen Jugendordnungen unter anderem auch die Aufgaben, Zielsetzungen und Organisationsstrukturen festgeschrieben.

Sowohl beim Eintrittsalter in die Jugendfeuerwehr als auch bei der Altersvorgabe für den Wechsel von der Jugendfeuerwehr in die Einsatzabteilung gibt es je nach Bundesland sehr unterschiedliche Regelungen (siehe auch Tabelle 4). Gleiches gilt für Kinder- oder Bambinifeuerwehren sowie auch für das Endalter, mit dem ein Feuerwehrmitglied aus der Einsatzabteilung ausscheiden und in die Alters- oder Ehrenabteilung überwechselt.

Tabelle 4: Eintrittsalter der Jugend- und Kinderfeuerwehren in den Bundesländern

Bundesland	Eintritts-alter JF	Endalter JF	Angebote vor der JF	Endalter Einsatz-abtlg.
Baden-Württemberg (BW)	nicht geregelt	17–18	Bambinifeuerwehren bis 10 möglich	65
Bayern (BY)	12	17–18	Bambinifeuerwehr ü. Feuerwehrvereine	63
Berlin (BE)	8	18 (27)	–	60 (Verlängerung möglich)
Brandenburg (BB)	10	18	Kinderfeuerwehr in der Regel 6 bis 10	65
Bremen (HB)	10	18	in Planung	60
Hamburg (HH)	10	18	Kinderfeuerwehr 6 bis 12	60
Hessen (HE)	10	17	Kinderfeuerwehr 6 bis 10	60 (auf Antrag 65)
Mecklenburg-Vorpommern (MV)	10	16–18 (27)	ab 6 bis 10	67
Niedersachsen (NI)	10	16–18	Kinderfeuerwehr ab 6 bis 10 (12)	63
Nordrhein-Westfalen (NW)	10	17–18	Kinderfeuerwehr ab 6 bis 12	60
Rheinland-Pfalz (RP)	10	16–18 (27)	Bambinifeuerwehr 6 bis 10	63
Saarland (SL)	8	16–18 (27)	Kinderfeuerwehr 6 bis 10	65

Tabelle 4: (Fortsetzung)

Bundesland	Eintritts-alter JF	Endalter JF	Angebote vor der JF	Endalter Einsatz-abtlg.
Sachsen (SA)	8	16–18	Kinder-/Bambinifeuerwehren ab 6	65 in der Regel
Sachsen-Anhalt (ST)	10	16–18	Kinderfeuerwehren 6 bis 10	65
Schleswig-Holstein (SH)	10	16–18 (27)	Kinderfeuerwehr 6 bis 10	67
Thüringen (TH)	6	16–18	–	60 (auf Antrag 65)

Stand: 4/2016

6 Warum eine Jugendfeuerwehr?

Es gibt sicher zahlreiche Beweggründe, die dazu führen, in der Freiwilligen Feuerwehr eine Jugendfeuerwehr zu gründen. Wie bereits in Kapitel 2 dargestellt, war ursprünglich einer der wesentlichen Gedanken, durch die Einrichtung »Jugendfeuerwehr« Nachwuchs für die Einsatzabteilung der Freiwilligen Feuerwehren zu bekommen. Diesen Ansatz verfolgen letztendlich alle Organisationen, Verbände und Vereine mit ihrer Jugendarbeit. Wenn man sieht, wie sich beispielsweise Sportvereine über Mutter-Kind-Gruppen, Kindergymnastik bis hin zu Jugendmannschaften bemühen, frühzeitig Kontakte und Beziehungen zu schaffen, dann ist es nur allzu verständlich, dass auch Freiwillige Feuerwehren über ihre Jugendfeuerwehren (zukünftig vermehrt auch Kinderfeuerwehren) versuchen, frühzeitig das Interesse und die Aufmerksamkeit von Kindern und Jugendlichen auf sich zu lenken.

Da gerade Freiwillige Feuerwehren neben ihren vielfältigen Pflichtaufgaben auch ganz wesentlich zum kulturellen Leben beitragen, ist es nur begrüßenswert, wenn sie sich auch an der gesellschaftlichen Aufgabe, Kinder- und Jugendarbeit zu betreiben, beteiligen. Neben der ursprünglichen Aufgabe der Feuerwehren, nämlich Feuer zu löschen, haben die Freiwilligen Feuerwehren inzwischen eine Vielzahl von Aufgaben, insbesondere im Bereich der Hilfeleistung, übernommen bzw. übertragen bekommen. Dass auch die Jugendarbeit in der Feuerwehr einen wichtigen Stellenwert hat, spiegelt sich in der über Jahrzehnte gewachsenen Anzahl der Jugendfeuerwehren in Deutschland wider. Insbesondere in Zeiten des demografischen Wandels ist die Jugendarbeit im Interesse des Erhalts der Freiwilligen Feuerwehren zur Sicherstellung des Schutzes für die Bürgerinnen und Bürger von besonderer Bedeutung. So gibt es zahlreiche Freiwillige Feuerwehren, deren jüngere Mitglieder überwiegend bis ausschließlich aus der eigenen Jugendfeuerwehr kommen.

Allerdings gibt es auch Freiwillige Feuerwehren ohne den klassischen Unterbau durch eine Jugendfeuerwehr. Bei diesen Feuerwehren wird der Altersdurchschnitt der Mitglieder der Einsatzabteilung meist sehr hoch sein. Wenn das Freiwillige Feuerwehrwesen auch weiterhin Bestand haben soll, wird früher oder später keine Feuerwehr um die Jugendfeuerwehr herumkommen. Dass es besonders in kleineren Ortschaften aufgrund der geringen Anzahl von Kindern und Jugendlichen oft nur schwer oder gar nicht möglich ist, eine Jugendfeuerwehr zu betreiben, ist bekannt. Hier besteht die Möglichkeit, Jugendliche aus mehreren Ortschaften oder Ortsteilen in einer Jugendfeuerwehr zu integrieren.

Dass es bei der Jugendfeuerwehrarbeit aber nicht nur um den Nachwuchs, sondern auch um die klassische Jugendarbeit geht, ist nirgends besser nachvollziehbar als durch einen Blick in das Bildungsprogramm der Deutschen Jugendfeuerwehr:

- Jugendfeuerwehren können jungen Menschen einen Ort bieten, an dem sie sich wohlfühlen, an dem sie lernen, erleben und experimentieren. Somit haben Jugendfeuerwehren die Chance, auch zukünftig als wichtiges eigenständiges Erziehungsfeld beteiligt zu werden.

- Die Jugendarbeit wird als eigenständiges Erziehungsfeld durch unverzichtbare Elemente wie Aktualität, Flexibilität, Freiheit, Freiwilligkeit, Handlungsfreudigkeit, Selbstständigkeit, Selbstbestimmung, Spontanität und Vielseitigkeit geprägt.
- Jugendfeuerwehrarbeit soll sich vorrangig an den Interessen und Bedürfnissen ihrer Mitglieder orientieren. In der Jugendfeuerwehr suchen Kinder und Jugendliche persönliche Kontakte und persönliche Beziehungen, aber auch die Möglichkeit, sich in praktischen und technischen Dingen zu erproben und zu betätigen. Hierzu gehören u. a. das Übernehmen von Verantwortung, sich körperlich fit zu halten, Freundschaft und Kameradschaft zu pflegen, Gleichberechtigung nicht nur zu demonstrieren, sondern auch zu praktizieren, Erlernen und Beteiligen an demokratischen Prozessen usw.

Auszug aus dem Bildungsprogramm der Deutschen Jugendfeuerwehr

Ausgehend von den Interessen und Bedürfnissen der Kinder und Jugendlichen lassen sich für die Jugendfeuerwehrarbeit folgende Ziele festschreiben:
- Erziehung zu demokratischem Bewusstsein und Beteiligung an demokratischen Prozessen,
- Vermittlung von feuerwehrtechnischem Wissen,
- Entwicklung von Gesundheitsbewusstsein,
- Durchsetzung und Verwirklichung von Gleichberechtigung,
- Förderung von Hilfsbereitschaft und sozialem Engagement,
- Vermittlung von Kommunikationsfähigkeit,
- Förderung von Leistungsbereitschaft, Ausdauer, Konzentrationsfähigkeit und Reaktionsvermögen,

- Einüben von Mitverantwortung und solidarischem Handeln,
- Auseinandersetzung und Vermittlung von Kompetenz im Umgang mit neuen Medien und Technologien,
- Förderung der Persönlichkeit durch Einübung von Kritikfähigkeit, Toleranzbereitschaft, Fairness und Verantwortungsbewusstsein,
- Vermittlung von sozialer und technischer Kompetenz,
- Möglichkeiten zur aktiven Teilhabe und Auseinandersetzung am Alltagsleben eröffnen,
- Prägung des Umweltbewusstseins,
- einen Beitrag zum gegenseitigen Verständnis der Völker aller Gesellschaftsordnungen und Kulturen leisten und aktiv für den Frieden einzutreten.

Um diese Ziele zu erreichen, orientiert sich die Jugendfeuerwehrarbeit an den Bedürfnissen, aber auch an der körperlichen und geistigen Leistungsfähigkeit von Kindern und Jugendlichen. Sie muss daher alters- und situationsgerecht, zugleich aber auch flexibel gestaltet werden.

Aufgrund der sich ständig verändernden Gesellschaft muss sich auch die Jugendfeuerwehrarbeit mit ihrer gesellschaftlichen Aufgabe diesen Herausforderungen stellen. Es ist notwendig, die jungen Menschen als Partner zu sehen und zu akzeptieren, um mit ihnen gemeinsam ihre Zukunft zu planen und zu gestalten. Unter diesen Aspekten ist Jugendfeuerwehrarbeit nicht nur eine große Herausforderung, sondern zugleich auch eine gesellschaftliche Verpflichtung.

6.1 Gründung einer Jugendfeuerwehr

Um eine Jugendfeuerwehr zu gründen, bedarf es sowohl eines Initiators, des Bedarfs, aber natürlich auch der Kinder und Jugendlichen, die in die neue Jugendfeuerwehr eintreten. Im Vorfeld der Gründung ist eine gute und umfassende Vorbereitung erforderlich. Unter Umständen ist es ein langer Weg vom ersten Gedanken bis zur Gründungsversammlung. Es sind wichtige Schritte zu bedenken, um die neue Jugendfeuerwehr auf sichere Füße zu stellen. Die Tabelle 5a zeigt den Anmeldevordruck zur Gründung einer Jugendfeuerwehr, Informationen zur Anmeldung sind in Tabelle 5b ersichtlich.

Die Jugendfeuerwehr ist die Jugendabteilung der Freiwilligen Feuerwehr und somit in der Regel in der Brandschutzgesetzgebung verankert. Darüber hinaus ist es von nicht unwesentlicher Bedeutung, dass auch in der Satzung der Freiwilligen Feuerwehr die Einrichtung einer Jugendfeuerwehr festgeschrieben ist – gegebenenfalls ist dies nachzuholen. Die Arbeit der Jugendfeuerwehr richtet sich in der Regel nach einer Jugendordnung für die Gemeinde/Stadt, die entweder ein Bestandteil der Satzung der Freiwilligen Feuerwehr oder eigenständig ist. Deren Verabschiedung durch den Rat der Gemeinde/Stadt bzw. durch ein entsprechendes Gemeindeorgan ist notwendig. Die Mitglieder der Jugendfeuerwehr sind dann automatisch Mitglieder der Freiwilligen Feuerwehr und somit auch versicherungsrechtlich abgesichert (siehe auch Kapitel 10).

Tabelle 5a: Anmeldevordruck zur Gründung einer Jugendfeuerwehr (Quelle: DJF)

Ordnungsnummer: _____
(wenn nicht bekannt offen lassen)

Gründungsdatum: _____

Bitte vier Mal ausdrucken und jeweils 1 Exemplar an den Landes-Jugendfeuerwehrwart, den Kreis-Jugendfeuerwehrwart und das Bundesjugendbüro (Reinhardtstraße 25, 10117 Berlin) senden. 1 Exemplar bleibt bei Ihnen

DEUTSCHE JUGENDFEUERWEHR
im Deutschen Feuerwehrverband e. V.

▶ Anmeldung einer Jugendfeuerwehr

Jugendfeuerwehr:

Name der Jugendfeuerwehr

FF/BF/WF in:

Stadt-/Ortsteil

Kreis

Bundesland

Gruppenstärke:

Mitglieder: [ ]   männlich [ ]   weiblich

[ ] **Wir bitten um ein Jahresabo der Zeitschrift Lauffeuer**
(1 Jahr kostenlos) zur Erstausstattung an den
Jugendfeuerwehrwart. Das Abo beinhaltet die einmalige
Lieferung der CD „Helfer in der Jugendfeuerwehr".

Jugendfeuerwehrwart/-wartin:

Zu- und Vorname

geb. am   Beruf

Straße/Hausnummer

PLZ/Ort

Telefon   Mobil   Fax

E-Mail

Die Jugendfeuerwehr wird hiermit offiziell angemeldet.

Datum   Unterschrift und Stempel/
         Leiter der Feuerwehr oder Stadt-/Gemeindeverwaltung

Tabelle 5b: Information zur Anmeldung einer Jugendfeuerwehr (Quelle: DJF)

Anmeldung einer Jugendfeuerwehr

Wenn Sie die Gründung einer Jugendfeuerwehr planen oder diese schon vollzogen ist, gehört auch die Anmeldung dazu.

Die Deutsche Jugendfeuerwehr im Deutschen Feuerwehrverband e.V. hat hierfür einen Vordruck "Anmeldung einer Jugendfeuerwehr" herausgegeben. Dieser steht auf der Homepage der DJF (www.jugendfeuerwehr.de) sowie auf der CD "Helfer in der Jugendfeuerwehr" digital zur Verfügung. Hier sind die Hinweise für die Verteilung zu beachten.

Dieser Vordruck ist auszufüllen und über den Landes-Jugendfeuerwehrwart bzw. die Landesgeschäftsstellen der Jugendfeuerwehren an das Bundesjugendbüro der Deutsche Jugendfeuerwehr in Berlin weiterzuleiten (hierbei sind die Vorgaben des jeweiligen Bundeslandes zu beachten).

Die Gründung einer Jugendfeuerwehr kann nur auf der für das zuständige Bundesland gültigen gesetzlichen Grundlage erfolgen. Die Jugendfeuerwehr ist Teil der Freiwilligen Feuerwehr und die Anmeldung ist somit vom Leiter der Feuerwehr bzw. von der zuständigen Stadt oder Gemeinde zu unterschreiben (Bestätigung).

Alle Angaben im Anmeldevordruck sind sorgfältig und gewissenhaft gut leserlich auszufüllen.

Für die Einkleidung, Ausstattung, die zu nutzenden Räumlichkeiten und auch die Leitung der Jugendfeuerwehr ist die jeweils zuständige Freiwillige Feuerwehr, in Verbindung mit der Stadt/Gemeinde entsprechend der Gesetzgebung des Bundeslandes zuständig.

Die Deutsche Jugendfeuerwehr stellt der neu gegründeten Jugendfeuerwehr - sobald die Anmeldung vorliegt und wenn dieses gewünscht ist - als Erstausstattung ein Jahresabonnement der Mitgliederzeitschrift Lauffeuer zur Verfügung. Darin enthalten ist einmalig die CD "Helfer in der Jugendfeuerwehr".

In diesem Helfer sind zahlreiche Informationen, Anregungen und viel Wissenswertes für die Arbeit in der Jugendfeuerwehr nachzulesen. Aktualisierungen erfolgen über die Mitgliederzeitschrift "Lauffeuer".

Viel Spaß, Erfolg und ein gutes Gelingen der neu gegründeten Jugendfeuerwehr wünscht die Deutsche Jugendfeuerwehr.

6.1.1 Personelle Voraussetzungen

Die Leitung der Jugendfeuerwehr obliegt dem Leiter der Feuerwehr (Ortsbrandmeister, Feuerwehrkommandant, Wehrführer usw. – je nach Bundesland), der sich dazu des Jugendfeuerwehrwartes (JFW) bedient. D. h. es wird jemand benötigt, der dafür geeignet ist, innerhalb der Freiwilligen Feuerwehr Jugendarbeit zu leisten. Besonders im Falle einer Neugründung ist es wichtig, dass diese Person frühzeitig auserkoren wird, um ihr die Möglichkeit zu geben, sich auf diese Aufgabe vorzubereiten und sich durch entsprechende Fortbildungen und Lehrgänge zu qualifizieren. Durch die Verabschiedung des Bundeskinderschutzgesetzes wird darüber hinaus gefordert, dass einige Ehrenamtliche in der Jugendarbeit ein erweitertes polizeiliches Führungszeugnis vorlegen müssen, bevor sie ehrenamtlich aktiv werden können (siehe Kapitel 11.3). Neben der persönlichen Eignung sollte auch eine entsprechende fachliche Qualifikation vorhanden sein. Im Rahmen seiner Tätigkeit wird der JFW Entscheidungskompetenzen für die Gestaltung des Jugendfeuerwehrdienstes benötigen, zugleich aber auch das Recht, im Führungsgremium der Feuerwehr (Kommando, Feuerwehrausschuss usw. – je nach Bundesland) mitzuwirken, um dort die Interessen der Jugendfeuerwehr zu vertreten. Der JFW ist durch den Leiter der Feuerwehr oder das Führungsgremium, je nach Satzung, zu bestätigen und kann später auch im Rahmen einer Vorschlagswahl von den Jugendfeuerwehrmitgliedern gewählt werden.

6.1.2 Jugendfeuerwehrmitglieder

Geeignete Kinder und Jugendliche aus der Gemeinde/Stadt, die das entsprechende Alter nach den jeweiligen Vorgaben und landesrechtlichen Bestimmungen erreicht haben, können Mitglieder der Jugendfeuerwehr werden.

Um Jugendfeuerwehrmitglieder zu finden, bedarf es vielfältiger Überlegungen und Aktivitäten. Möglichkeiten der Mitgliederwerbung sind beispielsweise gezielte Anschreiben an die entsprechende Altersgruppe, Plakat- oder Flugblatt-Aktionen, ein Aufruf in der Presse mit der Einladung zu einer Informationsveranstaltung oder auch Mund-zu-Mund-Propaganda durch Feuerwehrmitglieder oder deren Angehörige (Bild 5). Außerdem kann auch in altersrelevanten Schulklassen Werbung betrieben werden.

Bild 5: Werbemarsch der Jugendfeuerwehren durch Stadthagen (Foto: Dieter Fröchtenicht)

Einer Gründungsversammlung sollte eine Informationsveranstaltung für interessierte Kinder und Jugendliche, insbesondere aber auch deren Eltern, vorausgehen. Hier kann auf vorhandenes Info-Material, vom Flyer bis zum Werbefilm, zurückgegriffen werden. Es kann aber auch eigenes Material erstellt und verteilt werden.

6.1.3 Gründungsversammlung

Nachdem die Vorbereitungen abgeschlossen sind, ist der Termin für die Gründungsversammlung festzulegen. Die Einladungen sind entsprechend zu verteilen, sodass interessierte Kinder und Jugendliche sowie deren Eltern frühzeitig informiert sind. Vergessen werden darf natürlich nicht, dass auch die Führungskräfte der Feuerwehr, der Gemeinde- und Kreis-Jugendfeuerwehr, Vertretungen aus Politik und Verwaltung sowie die Presse zu einer Neugründung eingeladen werden sollten. Den Jugendfeuerwehrmitgliedern ist ein Aufnahmegesuch (siehe Tabelle 6a) sowie eine Einverständniserklärung für Veröffentlichungen (siehe Tabelle 6b) mitzugeben, die von den Erziehungsberechtigten unterschrieben werden müssen. Kleine »Starthilfen« gibt es manchmal von Sponsoren, öffentlichen Versicherungen oder auch Banken. Nach erfolgter Anmeldung gibt es seitens der Deutschen Jugendfeuerwehr den »Helfer in der Jugendfeuerwehr«.

Sind alle Formalitäten abgeschlossen und die Mitglieder mit der Jugendfeuerwehr-Schutzkleidung ausgestattet, ist ein Dienstabend festzulegen. Hierbei ist es sinnvoll, auf örtlich vorhandene Angebote der Jugendarbeit Rücksicht zu nehmen und entsprechende Absprachen zu treffen. Nicht zuletzt ist der ausgefüllte Vordruck »Anmeldung einer Jugendfeuerwehr« (siehe Tabelle 5a)

Tabelle 6 a: Beispiel eines Aufnahmegesuches

Aufnahmegesuch
als Mitglied in die Jugendfeuerwehr

Mitgl.-Nr.	Ausweis-Nr.

Passfoto

Ich bitte um Aufnahme in die Jugendfeuerwehr: _____

Persönliche Daten

Name _____ Vorname _____

Straße _____ geb. am _____ Geburtsort _____

PLZ _____ Ort _____ Stadtteil/Ortsteil _____

Telefon _____ E-Mail / ggf. der Erziehungsberechtigten _____

Handy _____ Geschlecht: ❏ männlich   ❏ weiblich

Schul- und Berufsverhältnisse:
❏ Grundschule   ❏ Hauptschule   ❏ Gesamtschule   ❏ Realschule
❏ Gymnasium   ❏ Auszubildender ❏ sonstige Schule

Name der Schule/des Arbeitgebers _____

Zur Jugendfeuerwehr bin ich gekommen:
❏ aus eigenem Interesse   ❏ durch ein aktives Mitglied

In folgenden Vereinen / Organisationen bin bzw. war ich aktiv tätig: _____

Erziehungsberechtigte/r:

Name _____ Vorname _____

Straße _____ PLZ _____ Ort _____

Telefon _____ Handy _____

Erklärung:
Bei einem Ausscheiden aus der Jugendfeuerwehr verpflichten wir uns zur Rückgabe aller während der Mitgliedszeit erhaltenen Ausrüstungsgegenstände und des Lehrmaterials. Die Rückgabe erfolgt vollständig und in einwandfreiem Zustand.
Ich/Wir versichere/versichern, dass meine/unsere Tochter, mein/unser Sohn in der gesundheitlichen Verfassung ist, den Dienst in der Jugendfeuerwehr aufzunehmen.
Meine/Unsere Tochter, mein/unser Sohn ist auf die Einnahme von folgendem (n) Medikament (en) angewiesen.

_____

Ich erkenne die Jugendordnung der JF an und verpflichte mich, sie zu befolgen.

Ich bestätige die Angaben und stimme der Aufnahme in die Jugendfeuerwehr zu.

Datum   Unterschrift Antragsteller/in   Datum   Unterschrift Erziehungsberechtigte/r

Nicht ausfüllen! – *Angaben der Jugendfeuerwehr*

Aufnahme am:		Übernahme am:	
Leistungsspange am:		Leistungsspange in:	
Ausgeschieden am:		Ausscheidegrund:	

49

Tabelle 6 b: Beispiel einer Einverständniserklärung für Veröffentlichungen

Einverständniserklärung für Veröffentlichungen

Zur Verwendung von Bild- und Tonaufnahmen von Mitgliedern der Jugendfeuerwehr

Diese Erklärung gilt für die Verwendung von Bild- und Tonaufnahmen im Rahmen der Öffentlichkeitsarbeit der Jugendfeuerwehr _____ sowohl für Printmedien wie auch für die Homepage der Jugendfeuerwehr.

Es besteht und ergibt sich kein Haftungsanspruch gegenüber der Jugendfeuerwehr für Art und Form der Nutzung der Internetseiten z. B. durch das Herunterladen von Texten und Bildern gegenüber Dritten.

_____   _____
Vorname   Name

_____   _____
Geb. Datum   Mitglied der Jugendfeuerwehr (Name der JF)

_____   _____
PLZ / Wohnort   Straße, Haus Nr.

Ich/wir sind damit einverstanden und stimmen ausdrücklich zu, dass:

☐ mein/unser Kind im Rahmen der Aktivitäten der Jugendfeuerwehr fotografiert bzw. gefilmt werden kann

☐ Personenfotos (Einzel-/Gruppenaufnahmen) im oben genannten Rahmen veröffentlicht werden dürfen

☐ der Vor-/Familienname bei Bildunterschriften verwendet werden kann

☐ der Vor-/Familienname in Berichten und Texten der Jugendfeuerwehr erscheinen darf

Ich/wir haben zur Kenntnis genommen, dass beim Umgang mit den Bild-/Tonaufnahmen meines/unseres Kindes seitens der Jugendfeuerwehr das Presserecht und die erforderlichen Sorgfaltspflichten eingehalten werden. Die Entscheidung über eine Veröffentlichung wird im Rahmen der erteilten Zustimmung durch die Verantwortlichen der Jugendfeuerwehr getroffen.

_____   _____
Ort, Datum   Unterschrift der/des Erziehungsberechtigten

Diese Zustimmung kann jederzeit schriftlich, formlos widerrufen werden.

über die Landes-Jugendfeuerwehr an die Deutsche Jugendfeuerwehr weiterzuleiten. Nähere Informationen hierzu gibt es im Internet unter *www.jugendfeuerwehr.de*.

6.2 Aufbau und Struktur der Jugendfeuerwehr

Grundsätzlich sind der Aufbau und die Struktur der Jugendfeuerwehr ähnlich wie bei der Freiwilligen Feuerwehr. Die Jugendfeuerwehr besteht aus ihren Mitgliedern und verschiedenen Organen, die in der Jugendordnung geregelt sein sollten.

6.2.1 Mitgliederversammlung

Die Mitgliederversammlung ist das höchste und wichtigste Organ innerhalb der Jugendfeuerwehr. Sie setzt sich aus allen Mitgliedern der Jugendfeuerwehr zusammen, hinzu kommen der Jugendfeuerwehrwart und dessen Stellvertretung mit beratender Stimme. Die Mitgliederversammlung ist eine der wichtigen Einrichtungen innerhalb der Jugendfeuerwehr zum Einüben und Erlernen demokratischer Prozesse. Durch das Mitwirkungsrecht aller Mitglieder wird ein Verständnis für demokratische Strukturen geweckt. Aus der Aufgabenstellung der Mitgliederversammlung ergibt sich, dass jedes Jugendfeuerwehrmitglied die Möglichkeit hat, die Jugendfeuerwehrarbeit mit zu gestalten sowie eigene Interessen und Ideen einfließen zu lassen.

6.2.2 Jugendausschuss

Die Mitgliederversammlung wählt den Jugendausschuss. Hierbei handelt es sich um eine Art Arbeitsgremium, das die Arbeit in der Jugendfeuerwehr über das gesamte Jahr gestaltet und beeinflusst. Der Jugendausschuss besteht – je nach Satzung bzw. Jugendordnung – aus dem Jugendfeuerwehrwart, den Gruppenleitern, der Sprecherin und dem Sprecher der Jugendfeuerwehr, dem Schriftführer, dem Kassenwart sowie weiteren Beisitzern (z. B. Gruppenführer, Gerätewart usw.). Die Mitglieder des Jugendausschusses werden – mit Ausnahme des Jugendfeuerwehrwartes, der einer Bestätigung bedarf – für eine bestimmte Amtsperiode (z. B. ein Jahr) gewählt.

Im Jugendausschuss werden alle wichtigen Dinge, wie z. B. Dienstplangestaltung, Planung von Aktivitäten, Teilnahme an Wettbewerben oder Besuch von Zeltlagern, beraten. Da in diesem Gremium überwiegend Jugendfeuerwehrmitglieder vertreten sind, gibt es eine Gewähr, dass auch die Interessen der Kinder und Jugendlichen in die Gestaltung der Jugendfeuerwehrarbeit einfließen.

6.2.3 Jugendforum

Das Jugendforum (Jufo) ist eine Einrichtung, die von der Deutschen Jugendfeuerwehr im Jahr 2003 ins Leben gerufen wurde. Hier sind alle Landes-Jugendfeuerwehren mit jeweils einem Jugendfeuerwehrmitglied vertreten, die sich zweimal jährlich zu einer Tagung treffen. Aus seinen Mitgliedern wählt das Jugendforum zwei gleichberechtigte Sprecher, die Sitz und Stimme im Deutschen Jugendfeuerwehrausschuss haben.

Das Jugendforum gibt sich selbst eine Geschäftsordnung, die von der Bundesjugendleitung zu genehmigen ist. Es vertritt die Interessen der Jugendfeuerwehrmitglieder der Deutschen Jugendfeuerwehr. Als Unterbau sind Jugendforen in den Landes-Jugendfeuerwehren (Bilder 6 und 7), den Kreis-/Stadt- und Gemeinde-Jugendfeuerwehren angestrebt und vielfach auch bereits vorhanden. In diesen Foren werden aktuelle Themen und Probleme der Jugendfeuerwehr sowie ihrer Mitglieder behandelt und die Ergebnisse gegebenenfalls zur nächsten Jugendforumsebene weitergeleitet. Ein besonderer Schwerpunkt der Jugendforen ist die Einbeziehung Jugendlicher in die Aktivitäten, Richtlinien, Regelungen und Entscheidungen, welche die Jugendarbeit in den Jugendfeuerwehren betreffen, sowie Mitwirkung, Mitbestimmung und Vertretung der Interessen der Jugendfeuerwehrmitglieder. Tagungen der Jugendforen sollten durch zu benennende Verantwortliche begleitet, betreut und gegebenenfalls moderiert werden. Weitere Informationen können dem »Helfer in der Jugendfeuerwehr« entnommen werden.

6.2.4 Gemeinde-Jugendfeuerwehrausschuss

Der Gemeinde-Jugendfeuerwehrausschuss setzt sich aus den Jugendfeuerwehrwarten der einzelnen Jugendfeuerwehren unter Leitung des Gemeinde-Jugendfeuerwehrwartes zusammen. Gegebenenfalls gehören ihm auch die Stellvertretungen sowie weitere Funktionsträger an. Im Gemeinde-Jugendfeuerwehrausschuss

Bild 6: Diskussionsrunde des Jugendforums (Foto: Hannes Saint-Paul)

Bild 7: Jugendforum Niedersachsen (Foto: Hannes Saint-Paul)

werden alle wesentlichen, die Gemeinde-Jugendfeuerwehrarbeit betreffenden Dinge beraten und koordiniert.

6.2.5 Kreis-Jugendfeuerwehrausschuss

Dem Kreis-Jugendfeuerwehrausschuss gehören in der Regel alle Gemeinde-Jugendfeuerwehrwarte sowie weitere Funktionsträger an. Er wird vom Kreis-Jugendfeuerwehrwart nach Maßgabe der jeweiligen Jugendordnung geleitet. Im Kreis-Jugendfeuerwehrausschuss werden die für die Kreis-Jugendfeuerwehr wichtigen Angelegenheiten behandelt, beraten und beschlossen sowie die Umsetzung der Jugendfeuerwehrarbeit auf Kreisebene koordiniert.

6.2.6 Bezirks-Jugendfeuerwehrausschuss

Der Bezirks-Jugendfeuerwehrausschuss setzt sich aus den jeweiligen Kreis-Jugendfeuerwehrwarten unter der Leitung des Bezirks-Jugendfeuerwehrwartes zusammen und koordiniert die Jugendfeuerwehrarbeit auf der Ebene des jeweiligen (Regierungs-)Bezirks.

6.2.7 Landes-Jugendfeuerwehrausschuss

Der Landes-Jugendfeuerwehrausschuss ist das höchste Organ der Jugendfeuerwehr eines Bundeslandes. Seine Zusammensetzung ist in der Jugendordnung/Satzung auf Landesebene geregelt. Er besteht in der Regel aus Mitgliedern der vorgenannten Organe, die in die Landesebene hineingewählt werden sowie zusätzlichen

Fachbereichsleitern für bestimmte Bereiche wie z.B. Bildungsarbeit, Jugendpolitik, Öffentlichkeitsarbeit und Kassenwesen. Der Landes-Jugendfeuerwehrausschuss wird vom Landes-Jugendfeuerwehrwart geleitet. Er befasst sich mit allen wesentlichen Angelegenheiten der Jugendfeuerwehr auf Landesebene, die von der Basis an ihn herangetragen werden oder zwecks Stellungnahme von der Deutschen Jugendfeuerwehr oder anderen Gremien, zum Beispiel den Landesfeuerwehrverbänden, kommen.

6.2.8 Deutscher Jugendfeuerwehrausschuss

Der Deutsche Jugendfeuerwehrausschuss ist das höchste Gremium der Deutschen Jugendfeuerwehr. Er setzt sich unter der Leitung des Bundesjugendleiters aus den Vertretern der Bundesländer, in der Regel den Landes-Jugendfeuerwehrwarten, und den Vorsitzenden der Fachausschüsse zusammen. Der Deutsche Jugendfeuerwehrausschuss befasst sich mit allen für die Jugendfeuerwehr relevanten Themen, wie z.B. Wettbewerbsrichtlinien, Jugendfeuerwehr-Schutzkleidung oder Veranstaltungen.

6.2.9 Bundesjugendleitung

Die Bundesjugendleitung besteht aus dem Bundesjugendleiter, der diese zugleich leitet, sowie seinen drei Stellvertretern.

Alle vorgenannten Gremien sind in der Regel den jeweiligen Feuerwehrverbänden zugehörig, so z.B. der Deutsche Jugendfeuerwehrausschuss dem Deutschen Feuerwehrverband, der Landes-Jugendfeuerwehrausschuss dem Landesfeuerwehrverband, der Kreis-Jugendfeuerwehrausschuss dem Kreisfeuerwehrverband, während der Gemeinde-Jugendfeuerwehrausschuss der Freiwilligen Feuerwehr zuzuordnen ist. Weitere Informationen sind den jeweiligen Satzungen bzw. Jugendordnungen zu entnehmen. Die Organisationsstruktur der Deutschen Jugendfeuerwehr ist in Bild 8 erkennbar.

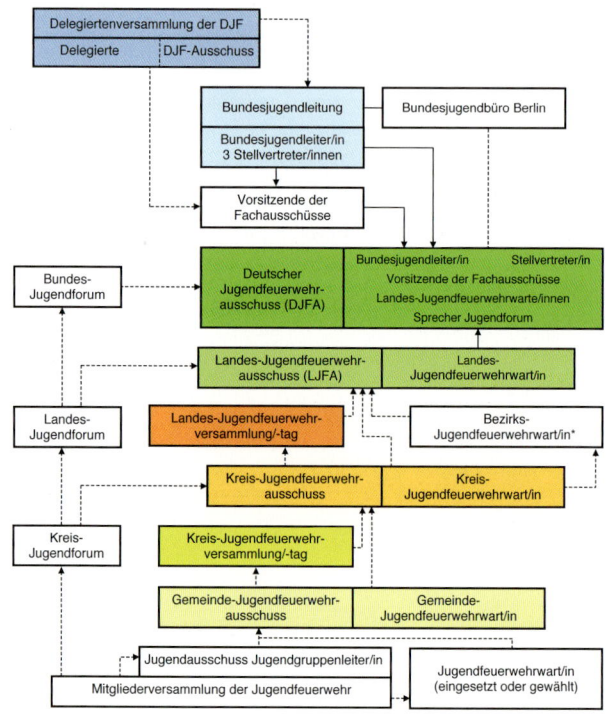

Bild 8: Organisationsstruktur der Deutschen Jugendfeuerwehr

7 Jugendfeuerwehrwart/in

Die Aufgaben und Tätigkeiten des Jugendfeuerwehrwartes (JFW) werden in zahlreichen Abhandlungen beschrieben, genauso wie die erforderliche Qualifikation sowohl im feuerwehrtechnischen wie auch im jugendpflegerischen Bereich. Da es in den verschiedenen Bundesländern teilweise sehr abweichende Regelungen und Vorgaben gibt, können hier nur allgemein gültige, vielleicht auch erstrebenswerte – oder besser wünschenswerte – Dinge aufgezeigt werden. Die Gruppe ist ein vom Jugendfeuerwehrwart zu betreuendes, zu leitendes, zu beaufsichtigendes, interessantes, zugleich aber auch kompliziertes Gebilde. Sie stellt ständig neue Herausforderungen, die zu bewältigen sind, bringt aber auch erfreuliche Erfolgserlebnisse, Spaß und eine Steigerung des Selbstwertgefühls für Ehrenamtliche.

7.1 Qualifikation des Jugendfeuerwehrwartes

Dass der Jugendfeuerwehrwart für seine verantwortungsvolle Aufgabe fachlich und insbesondere auch menschlich geeignet und qualifiziert sein muss, dürfte sich von selbst verstehen (Bilder 9 und 10). Zur fachlichen Eignung gehört, dass er entsprechende Führungslehrgänge (z.B. Gruppenführer-Lehrgang) besucht ha-

Bild 9: Führungskräftelehrgang für Jugendfeuerwehrwarte (Foto: Dieter Fröchtenicht)

Bild 10: Fortbildung für Jugendfeuerwehrwarte an einer Landesfeuerwehrschule (Foto: Dieter Fröchtenicht)

ben sollte, um innerhalb der Jugendfeuerwehr den Bereich der feuerwehrtechnischen Ausbildung abdecken zu können. Gut ausgebildete und engagierte Jugendfeuerwehrwarte bieten die Garantie dafür, dass die Jugendfeuerwehrarbeit funktioniert. Um die Interessen der Jugendfeuerwehr auch in die Freiwillige Feuerwehr einbringen zu können, ist es erforderlich, dass der Jugendfeuerwehrwart ordentliches Mitglied, zumindest aber Beisitzer im jeweiligen Führungsgremium ist.

Die Position des Jugendfeuerwehrwartes ist in den jeweiligen Feuerwehrsatzungen, Richtlinien, Erlassen und Brandschutzgesetzen unterschiedlich geregelt. Gemeinsam für alle Ebenen lässt sich jedoch feststellen, dass er aufgrund seiner Aufgabenstellung und Zuständigkeit zum Kader der Führungskräfte der Feuerwehr gezählt werden muss. Sein Wissen und Können im Feuerwehrbereich muss sich sowohl auf theoretische als auch auf praktische Erfahrungen stützen, daher ist üblicherweise auch vorgegeben, dass er aktives Mitglied seiner Feuerwehr sein muss. Das Wissen des Jugendfeuerwehrwartes, das sich auf zahlreiche Bereiche der Brandschutzgesetzgebung, der Normen, der Handhabung von technischen Gerätschaften, der Kenntnis verschiedenster Richtlinien bis hin zu Wettbewerbsbestimmungen bezieht und sehr vielfältig sein muss, beinhaltet selbstverständlich auch den Anspruch auf eigene Aus- und Fortbildung, um die Grundlagen für eine entsprechende »Ausbildertätigkeit« zu schaffen.

Dass der Jugendfeuerwehrwart mehr als nur Ausbilder und Betreuer ist und insbesondere im jugendpflegerischen Bereich ein umfangreiches Wissen haben sollte, ist genauso unverzichtbar wie seine Fähigkeit, mit Kindern und Jugendlichen umgehen zu können. Oftmals übernimmt der Jugendfeuerwehrwart während des

Jugendfeuerwehrdienstes oder auch für eine ganze Zeltlagerwoche eine »Vaterrolle«. Persönliche Dinge, auch Nöte und Unsicherheiten, werden ihm als Vertrauensperson angetragen, sein Rat und seine Unterstützung sind gefragt. Nun darf man aber nicht glauben, dass nur Personen mit einer psychologischen oder pädagogischen Ausbildung Jugendfeuerwehrwart werden können, nein, ganz im Gegenteil: Männer und Frauen, die mit beiden Beinen im beruflichen und gesellschaftlichen Leben stehen sowie Spaß an der Jugend- und Feuerwehrarbeit haben, bringen die besten Voraussetzungen mit. Persönliches Engagement und Interesse, die verantwortungsvolle und wichtige Aufgabe zu übernehmen, sind hierfür von unschätzbarem Wert.

7.1.1 Jugendpflegerische Tätigkeit

Um sich auch für den jugendpflegerischen Bereich zu qualifizieren, werden auf der Kreis- bis zur Landesebene zahlreiche Neigungslehrgänge angeboten. Hier besteht die Möglichkeit, sich entsprechend der eigenen Neigungen und Interessen in verschiedensten Bereichen fortzubilden. Die Vielzahl der spezifischen Angebote lässt sich nicht umfassend darstellen, trotzdem sollen im Folgenden einige Beispiele genannt werden:
- Allgemeine Gruppenarbeit,
- Aufbaulehrgang,
- Basteln und Werken,
- Brandschutzerziehung,
- Fahrt und Lager,
- Gruppenarbeit,
- Juleica Aus- und Fortbildung,

- Öffentlichkeitsarbeit,
- Pädagogik und Psychologie,
- Rechte und Pflichten,
- Theaterpädagogische Spiele,
- Unterrichtsgestaltung,
- UVV in der Jugendfeuerwehr,
- Video-/Filmarbeit,
- Neue Medien usw.

Zunehmend werden für Führungskräfte der Jugendfeuerwehren auch aktuelle Themen mit spezifischen Schwerpunkten angeboten, so zum Beispiel:
- Facebook, WhatsApp, Twitter & Co,
- Sensibilisierung für Umweltthemen,
- Sexualisierte Gewalt an Kindern und Jugendlichen,
- Umgang mit extremistischen Entwicklungen,
- Umweltsensibilisierung,
- Gendermainstreaming,
- Integration in der Jugendfeuerwehr,
- Für Toleranz und gegen Gewalt,
- Gefahren durch Sucht und Drogen,
- Fremdenfeindlichkeit und Rechtsextremismus,
- Konfliktbewältigung usw.

Ein wesentlicher Teil der erforderlichen Ausbildung ist die entsprechende Jugendleiterausbildung.

7.2 Jugendleiter/in (Juleica)

Um Jugendgruppen zu leiten, bedarf es einer entsprechenden Qualifikation und Ausbildung. Seit Anfang der 1980er-Jahre gab es für die in der Jugendarbeit Tätigen den Jugendgruppenleiter-Ausweis. Im Herbst 1998 stimmten alle Bundesländer der Einführung einer einheitlichen Jugendleiter/in-Card (Juleica, Bild 11) zu, die den Jugendgruppenleiter-Ausweis ablöste. Dieser bundesweit einheitliche Ausweis für ehrenamtliche Mitarbeiter der Jugendarbeit dient zugleich als Legitimation und Qualifikationsnachweis. Darüber hinaus soll durch die Juleica die gesellschaftliche Anerkennung für das ehrenamtliche Engagement verdeutlicht werden.

Bild 11: Muster einer Jugendleiter/in-Card (Juleica, Quelle: Deutscher Bundesjugendring)

Juleica-Inhaber haben eine spezielle Ausbildung zu absolvieren, die auf bundesweiten Mindestanforderungen basiert und für die es in jedem Bundesland Qualitätsstandards gibt. Hierzu gehören neben einer Erste-Hilfe-Ausbildung eine Ausbildung in Gruppenpädagogik, Jugendschutz, Aufsichtspflicht, Methodik und Didaktik in der Jugendarbeit, Lebenswelten von Kindern und Jugendlichen sowie zahlreiche weitere Themen.

Voraussetzung für die Ausstellung der Juleica ist, dass der Jugendleiter im Sinne des § 73 des Kinder- und Jugendhilfegesetzes (KJHG) für einen Träger der Freien Jugendhilfe (z. B. Jugendfeuerwehr) oder für einen Träger der Öffentlichen Jugendhilfe tätig ist. Inhaber der Juleica sollten das 16. Lebensjahr vollendet haben. Die Juleica dient auch als Legitimation gegenüber öffentlichen Stellen, wie z. B. Jugendeinrichtungen, Polizei, Informations- und Beratungsstellen, Behörden und Verwaltungen usw. Die Gültigkeitsdauer beträgt in der Regel bis zu drei Jahre. Die Karte muss zurückgegeben werden, wenn der Inhaber nicht mehr in der Jugendarbeit tätig ist.

Mit der Juleica soll auch eine Anerkennung des ehrenamtlichen Engagements der Jugendleiter, z. B. durch Vergünstigungen bei Gewerbetreibenden oder in öffentlichen Einrichtungen, erreicht werden. Mit Stand vom September 2015 waren in der Internet-Datenbank auf *www.juleica.de* bundesweit mehr als 3 600 Vergünstigungen eingetragen. Hierzu gehören u. a. Ermäßigungen beim Eintrittsgeld für Museen, Frei- und Hallenbäder bis hin zur kostenfreien Nutzung von Büchereien.

7.2.1 Wie bekommt man die Juleica?

Die Juleica kann im Internet unter *www.juleica.de* online beantragt werden, sobald die Voraussetzungen (Qualifikation und Ausbildung) erfüllt sind. Beim ersten Online-Antrag muss man sich zunächst registrieren. Sobald die Registrierung erfolgt ist, erhält man per E-Mail ein Passwort, mit dem man sich, zusammen mit der E-Mail-Adresse, einloggt. Zunächst müssen dann die persönlichen Daten eingegeben und ein digitales Passbild eingefügt werden. Anschließend folgen die Auswahl des Trägers, einige statistische Fragen sowie eine Datenschutzbestimmung und Selbstverpflichtung. Nach abschließender Kontrolle der Daten kann der Antrag gesendet werden. Nachdem die Daten geprüft wurden, wird die Juleica per Post zugeschickt.

8 Aus- und Fortbildung

Obwohl Kinder und Jugendliche heute in einem Informationszeitalter aufwachsen, in dem der Umgang mit dem Computer selbstverständlich ist, gibt es immer noch das Bedürfnis, sich in pragmatischen Bereichen zu betätigen und zu orientieren. Deshalb ist das Interesse an der Jugendfeuerwehr nach wie vor groß. Eines der Ziele der Jugendfeuerwehrarbeit ist es, Kinder und Jugendliche entsprechend ihrer körperlichen und geistigen Leistungsfähigkeit auf die Aufgaben der Feuerwehr vorzubereiten. Hierzu gehört neben der theoretischen auch die praktische Ausbildung.

Für die praktische Ausbildung sind neben der schon genannten Leistungsfähigkeit der Kinder und Jugendlichen insbesondere die Unfallverhütungsvorschrift »Feuerwehren«, die Ausbildungs- und Feuerwehr-Dienstvorschriften sowie der jeweilige Ausbildungsstand zu berücksichtigen. Darüber hinaus sind durch die Länder herausgegebene Vorschriften und sicherheitstechnische Grundsätze zu beachten. Jugendfeuerwehrmitglieder dürfen an einer Vielzahl von Geräten nicht eingesetzt werden (z. B. Rettungsschere/-spreizer, Motorsäge, Greif- und Hebezüge). Werden diese Geräte im Rahmen des Jugendfeuerwehrdienstes durch Mitglieder der Einsatzabteilung bedient, ist unbedingt auf einen ausreichenden Sicherheitsabstand zu achten.

8.1 Dienstplangestaltung

Ein Dienstplan sollte interessant, abwechslungsreich und auf die jeweilige Jugendfeuerwehr zugeschnitten sein. Hierin sind sowohl die allgemeine Jugendarbeit (siehe Kapitel 9) wie auch die Aus- und Fortbildung im feuerwehrtechnischen Bereich in Theorie und Praxis einzubauen. Selbstverständlich sind auch jahreszeitlich oder saisonbedingte Themen und Ausbildungsteile entsprechend zu platzieren. Ein Dienstplan kann als Jahresdienstplan, Halbjahresdienstplan (Sommer-/Winterdienstplan) oder auch für einen anderen Zeitraum aufgestellt werden. Er macht auch deshalb Sinn, um den Jugendfeuerwehrmitgliedern und deren Eltern eine Orientierungshilfe zu geben. Der Jugendfeuerwehrwart sollte besonders auf die Ausgewogenheit des Dienstplans achten. Sinnvoll kann es auch sein, die Jugendfeuerwehrmitglieder bei der Dienstplangestaltung – zumindest teilweise – zu beteiligen. Der Wochentag für die Dienstabende sollte sowohl mit den Jugendfeuerwehrmitgliedern als auch den Vereinen vor Ort, die Jugendarbeit betreiben, abgestimmt sein.

Ein abwechslungsreicher Dienstplan wird immer ein ausgewogenes Verhältnis zwischen Theorie und Praxis, zwischen Feuerwehrausbildung und allgemeiner Jugendarbeit sowie zwischen Tätigkeiten im Freien und in Räumen beinhalten. Auch der Zusatz »Änderungen vorbehalten« hat eine nicht unwesentliche Bedeutung. Warum sollte man aufgrund des schönen Wetters nicht einmal gemeinsam ins Freibad gehen anstatt zu üben?

Tabelle 7: Muster eines Dienstplans

Dienstplan					
Jugendfeuerwehr _____					
Dienstplan für die Zeit vom _____ bis _____ 20 _____					
Tag/ Datum	Zeit	Thema/Art des Unterrichts	T = Theorie P = Praxis	Ort	Referent/ Leitung

Ort, Datum   Unterschrift

Änderungen vorbehalten

Der Dienstplan sollte mit der Wehrleitung abgestimmt und jedem zugänglich sein. Er sollte die in Tabelle 7 vorgesehenen Angaben beinhalten.

Auch aktuelle und kritische Themen (z. B. Jugendschutz, Alkohol, Drogen, Umweltschutz, Gewalt usw.) sollten im Rahmen der Dienstplangestaltung berücksichtigt werden. Der in Tabelle 8a und b aufgeführte Muster-Zweijahresdienstplan dient als Anregung für die allgemeine feuerwehrtechnische Ausbildung in Theorie und Praxis und zugleich zur Vorbereitung auf den Wechsel in die Einsatzabteilung.

Tabelle 8a und b: Muster eines Zweijahresdienstplans

Zweijahres-Muster-Dienstplan für die Jugendfeuerwehr

1. Jahr

I. Allgemeine feuerwehrtechnische Ausbildung (Theorie und Praxis)

1. Organisation/Recht — 2 Stunden
Aufbau und Aufgaben der örtlichen Feuerwehr
- Funktionen, Orts- und Gemeindekommando
- Rechte und Pflichten der FM (SB) und der JFM
- Satzung der Freiw. Feuerwehr und Jugendordnung der JF
- Gemeinde – Kreis – Land – Bund

2. Unfallverhütung — 2 Stunden
UVV auf die Tätigkeit in der Freiw. Feuerwehr/JF abgestimmt
- Persönliche Leistungsfähigkeit
- bei Ausbildung und Wettbewerben

3. Fahrzeuge – Geräte — 4 Stunden
Vorstellen der Fahrzeuge und Geräte der örtlichen Feuerwehr
- Hinweise auf Aufgaben
- Funktion und Pflege

4. Schläuche und Armaturen — 4 Stunden
Aufbau, Aufgaben, Funktion und Pflege

5. FwDV 3 — 3 Stunden
Einführung in die FwDV 3

6. Verbrennungsvorgang — 3 Stunden
Was ist eine Verbrennung
- wie kommt es dazu
- Brandklassen

7. Löschmittel – Einsatzbereiche — 2 Stunden
Löschmittel: Wasser – Sand – Schaum – Pulver
Pulverlöscher – Speziallöschmittel – Netzmittel

8. Vorbeugender Brandschutz — 2 Stunden
im häuslichen Bereich
- Rauchmelder

9. Erste Hilfe — 2 Stunden
praktische Übungen
- Verbandskasten – Inhalt und Verwendung
- Sanitätskasten – Inhalt und Verwendung

Gesamt: — *24 Stunden*

II. Praktische Ausbildung

1. Stationsausbildung
Kuppeln von Saugleitungen – Ausrollen und Aufnehmen von Druckschläuchen – Befestigen von Halte- und Ventilleinen – Knoten und Stiche – Befestigen von Geräten – Erste Hilfe – Technische Hilfeleistung

2. FwDV 3
Kleine Einsatzübungen am Planspiel

3. Bundeswettbewerb
Übungen des A- und B-Teils

4. Jugendflamme
Vorbereitung zur Abnahme Stufe 1

Gesamt: — *16 Stunden*

2. Jahr

I. Allgemeine feuerwehrtechnische Ausbildung (Theorie und Praxis)

1. Organisation — 2 Stunden
Feuerwehr als kommunale Einrichtung
- Brand-/Feuerschutzgesetzgebung
- Brandschutzbereitschaften
- Feuerwehrverband im Kreis, Land, Bund

2. Unfallverhütung — 2 Stunden
auf die Tätigkeit in der JF/Freiw. Feuerwehr abgestimmt
- im Einsatz, im Wettbewerb
- bei Freizeit – Fahrt und Lager – Sport und Spiel

3. Fahrzeuge – Geräte — 3 Stunden
Vorstellen und Erklären von Fahrzeugen und Geräten der
Feuerwehr mit Hinweisen auf Aufgaben und Funktionen
- Löschfahrzeuge – Sonderlöschfahrzeuge
- Hilfeleistungsfahrzeuge – Sonderfahrzeuge

4. Gefahrstoffe — 3 Stunden
Kennzeichnung – Gefahren – Verhalten

5. Verbrennungsvorgang — 2 Stunden
Brandklassen – Verpuffung – Explosion – flash-over

6. Technische Hilfeleistung — 3 Stunden
Einsatzstellen-Sicherung
- Ausleuchten der Einsatzstelle
- Verkehrssicherung

7. Vorbeugender Brandschutz — 3 Stunden
in Betrieben – in öffentlichen Gebäuden, Schulen,
Kindergärten usw.
- Brandmeldeanlagen

8. Nachrichtenübermittlung — 2 Stunden
Einführung in die Funktechnik – Sprachwendungen
Funkgeräte – Funkalarmempfänger – Alarmierung

9. Einsatztaktik — 2 Stunden
Vorgehensweise im Einsatz
- des Trupps – der Gruppe

10. Wasserversorgung – Wasserförderung — 2 Stunden
abhängige und unabhängige Löschwasserversorgung
- lange Wegstrecke

Gesamt: — *24 Stunden*

II. Praktische Ausbildung

1. Stationsausbildung
Knoten und Stiche – Knoten zum Retten und Selbstretten – Befestigen von
Geräten – Handhabung von Strahlrohren mit Wassergabe – Bedienung von
Hydranten – Wasserförderung – Technische Hilfeleistung – Erste Hilfe

2. FwDV 3
Übungen nach der FwDV 3

3. Funkausbildung
Sprechübungen für den Funkverkehr

4. Jugendflamme – Leistungsspange
Übungen und Ausbildung zur Jugendflamme und Leistungsspange
- Abnahme der Jugendflamme
- Abnahme der Leistungsspange

Gesamt: — *16 Stunden*

8.2 Ausbildungs-/Leistungsnachweise

Die Deutsche Jugendfeuerwehr hat im Jahr 2002 die Jugendflamme der DJF als Ausbildungsnachweis eingeführt. Diese ist in drei Stufen gegliedert, die Bedingungen für die Durchführung und Vergabe sind in bundeseinheitlichen Grundsätzen der DJF vom 5. September 2015 vorgegeben. Die Bundesländer können die Vorgaben variabel gestalten und das jeweilige Abzeichen mit dem Namen des Bundeslandes versehen. Die Stufen sind auf Alter, Kenntnis- und Leistungsstand abgestimmt. Die Durchführung der Abnahmen der Jugendflamme ist Aufgabe der Bundesländer, die diese auf Landkreise, Gemeinden etc. delegieren können. Die Jugendflamme kann in verschiedenen Bundesländern erworben werden, eine gegenseitige Anerkennung ist gegeben. Nach der Verleihung wird die Jugendflamme auf der linken Brusttasche des Jugendfeuerwehr-Übungsanzuges getragen. Weitere Informationen sind dem »Helfer in der Jugendfeuerwehr« zu entnehmen, aus dem auch die in Tabelle 9 enthaltene Übersicht stammt.

Die Abnahme der Stufe I erfolgt auf Ortsebene durch den Jugendfeuerwehrwart. Die Abnahme der Stufe II soll auf Orts- oder Kreisebene durch den Kreis-Jugendfeuerwehrwart oder den entsprechenden Fachbereichsleiter erfolgen. Hier ist die Abnahme in Gruppenstärke beliebiger Größe oder auch einzeln möglich. Die Stufe III ist ebenfalls in Gruppenstärke oder einzeln möglich. Die Abnahme erfolgt auf Kreisebene durch den Kreis-Jugendfeuerwehrwart, den Fachbereichsleiter Wettbewerbe oder den Abnahmeberechtigten der DJF. Ein »Erste Hilfe«-Nachweis ist zu erbringen (siehe Grundsätze vom 5. September 2015). Nach Erfüllung

Tabelle 9: Stufen der Jugendflamme

	Stufe I	Stufe II	Stufe III
Zielgruppe (*)	10 Jahre	13 Jahre	15 Jahre
Bedingungen	keine	Stufe I	Stufe II und EH-Grundkurs
Gruppenstärke	einzeln	beliebig (einzeln möglich)	beliebig (einzeln möglich)
Abnahmeberechtigt	JFW, KJFW, FBL Wettbewerbe, Abnahmeberechtigte der DJF	KJFW, FBL Wettbewerbe, Abnahmeberechtigte der DJF	KJFW, FBL Wettbewerbe, Abnahmeberechtigte der DJF
Abzeichen	mit gelber Flamme links	mit gelber Flamme links, oranger Flamme rechts	mit gelber, oranger und roter Flamme

(*) Es gilt die Jahrgangsregelung. Stichtag für die Alterseinstufung ist der 31.12. des jeweiligen Jahres. Neu aufgenommene, ältere JFM beginnen mit Stufe I, der Zeitrahmen kann entsprechend angepasst werden.

der jeweiligen Aufgaben kann ein Eintrag im DJF-Mitgliedsausweis entsprechend der jeweiligen Stufe erfolgen.

Die Leistungsspange der Deutschen Jugendfeuerwehr wurde bereits Anfang der 1970er-Jahre eingeführt. Die Abnahmebedingungen sind im bereits erwähnten »Helfer in der Jugendfeuerwehr« nachzulesen. Die Leistungsspange wird durch den Präsidenten des Deutschen Feuerwehrverbandes an in- und ausländische Jugendfeuerwehrmitglieder im Alter von 15 bis 18 Jahren entsprechend der jeweils bekannt gegebenen Geburtsjahrgänge vergeben. Diese müssen seit mindestens einem Jahr Mitglied der Jugendfeuerwehr sein. Die Leistungsspange ist Prüfstein und Auszeichnung zugleich und wird an Jugendfeuerwehrmitglieder nach erfolgreich erbrachter fünffacher Leistung innerhalb einer Löschgruppe verliehen. Die Leistungsbewertung umfasst die persönliche Haltung, geordnetes Auftreten, Schnelligkeit und Ausdauer, Körperstärke sowie ausreichendes feuerwehrtechnisches und allgemeines Wissen und Können. Alle fünf Disziplinen werden als Gemeinschaftsleistung gewertet, sodass schwächere Jugendfeuerwehrmitglieder von den Leistungen stärkerer profitieren. Bei der Schnelligkeitsübung geht es um das vorschriftsmäßige Auslegen und Kuppeln einer Schlauchleitung von acht Längen C-Druckschlauch, die in einer maximalen Zeit von 75 Sekunden zu verlegen sind (Bilder 12 und 13). Beim Kugelstoßen ist die Kugel durch alle neun Gruppenmitglieder insgesamt mindestens 55 Meter weit zu stoßen. Männliche Jugendliche haben eine 4-Kilogramm- und weibliche eine 3-Kilogramm-Kugel zu stoßen. Der Staffellauf erfolgt über eine Strecke von 1 500 Metern, bei der alle neun Gruppenmitglieder eine von der Gruppe selbst zu bestimmende Teilstrecke zu durchlaufen haben. Jedes Jugendfeuerwehrmitglied darf nur ein Mal eingesetzt werden und die Gesamtstrecke ist in höchstens vier Minuten und zehn Sekunden zu durchlaufen. Beim Löschangriff ist eine Übung nach der aktuell geltenden FwDV ohne Bereitstellung, mit der Wasserentnahmestelle offenes Gewässer und vier Saugschläuchen, bis zur Vornahme von drei C-Rohren durchzuführen. Bei der Fragenbeantwortung sind alle Mitglieder der Gruppe zu beteiligen. In einem Gespräch werden Fragen zu den Bereichen Organisation, Ausrüstung, Geräte, Löschmittel und Löschverfahren sowie Unfallverhütung und Allgemeinwissen aus der Gesellschafts- und Jugendpolitik gestellt.

Bild 12: Angetretene Gruppe zur Schnelligkeitsübung der Leistungsspange (Foto: Sabrina John)

Bild 13: Schnelligkeitsübung der Leistungsspange (Foto: Sabrina John)

Die Bekleidung für die einzelnen Bedingungen ist der Richtlinie zu entnehmen, die Verleihung erfolgt im Übungsanzug der DJF. Jede der einzelnen Übungen wird mit einer Punktzahl zwischen null und vier bewertet. Diese Bewertung ergibt die Gesamtpunktzahl. Bei der Bewertung »null Punkte« (nicht bestanden) gibt es im Staffellauf, Kugelstoßen und bei der Schnelligkeitsübung die Möglichkeit der sofortigen Wiederholung (am gleichen Tag), wenn bei den übrigen bestandenen Teilen insgesamt mindestens zehn Punkte erreicht und nur ein einziger Teil mit null Punkten bewertet wurde. Bei nicht bestandenem Löschangriff oder Fragenbeantwortung ist eine Wiederholung nach frühestens vier Wochen möglich. Die Durchführung der Leistungsbewertung erfolgt mindestens auf Kreisebene und ist durch Abnahmeberechtigte der DJF entsprechend der Richtlinie vorzunehmen. Nach erfolgreicher Abnahme erfolgt am Abnahmetag die Verleihung der Leistungsspange, die aus in Altsilber geprägtem Eichenlaub mit dem Abzeichen der DJF besteht und am Übungsanzug der DJF über der linken Brusttasche getragen wird. Am Dienstanzug wird die Leistungsspange im Original ebenfalls oberhalb der linken Brusttasche oder als Bandschnalle getragen. Bewerber müssen einen Mitgliedsausweis der DJF haben, der frühzeitig vor der Abnahme einzureichen ist und in dem nach bestandener Abnahme die Berechtigung zum Tragen der Leistungsspange eingetragen wird.

Leistungsspange der Deutschen Jugendfeuerwehr

8.3 Wettbewerbe

Mit dem Bundeswettbewerb der DJF wird die feuerwehrtechnische Ausbildung in der Jugendfeuerwehr im Rahmen eines Wettbewerbs gefördert. Der Bundeswettbewerb orientiert sich an den gültigen Feuerwehrdienst- sowie Unfallverhütungsvorschriften und besteht aus einem A-Teil (Löschangriff, siehe Bild 14) und einem B-Teil (400-Meter-Hindernislauf). Parallel zu den Deutschen Meisterschaften im Bundeswettbewerb wird auf Bundesebene der »We're CreACTive« durchgeführt, ein vom Bundesjugendforum initiierter Contest mit kurzen Auftritten der einzelnen Gruppen. Beim Bundeswettbewerb handelt es sich um einen bundeseinheitlichen Wettbewerb, die detaillierte Wettbewerbsordnung ist dem »Helfer in der Jugendfeuerwehr« zu entnehmen.

Bild 14: Angetretene Gruppe zum Löschangriff (A-Teil) des Bundeswettbewerbs (Foto: Dieter Fröchtenicht)

Bild 15: Vorbereitung der Saugleitung beim A-Teil des Bundeswettbewerbs (Foto: Dieter Fröchtenicht)

Der Löschangriff des A-Teils wird mit einer Wasserentnahmestelle Unterflurhydrant, die im zweijährigen Rhythmus zum offenen Gewässer wechselt (Bild 15), als Trockenübung durchgeführt. Die Wettbewerbsgruppe besteht aus neun Teilnehmern zuzüglich einer Ersatzperson. Teilnahmeberechtigt sind Jugendfeuerwehrmitglieder im Alter zwischen zehn und 18 Jahren, die im Besitz eines gültigen Mitgliedsausweises der DJF sind. Aus dem Durchschnittsalter der Teilnehmer ergeben sich die Vorgabepunkte für den B-Teil.

Es muss ein Löschangriff nach FwDV vorgetragen werden. Etwaige Fehlerpunkte werden in den Wertungsbögen festgehalten und führen zu einem Gesamtergebnis des A-Teils. Beim Wettbewerb werden neben dem feuerwehrtechnischen Gerät ein Was-

Bild 16: Beim A-Teil muss ein Wassergraben übersprungen werden. (Foto: Dieter Fröchtenicht)

sergraben von 1,5 Meter Breite (Markierung auf dem Wettbewerbsplatz, Bild 16), eine zwei Meter hohe Leiterwand mit vier waagrechten Sprossen, ein sechs Meter langer Kriechtunnel sowie eine 70 Zentimeter hohe Hürde eingesetzt. An einem Knotengestell sind die Knoten Mastwurf, Zimmermannsstich, Schotstich und Kreuzknoten von vier Jugendfeuerwehrmitgliedern in möglichst kurzer Zeit nachzuweisen (Bild 17). Die benötigte Zeit fließt in die Wertung ein. Die Gesamtvorgabezeit für den A-Teil beträgt sechs Minuten bei der Wasserentnahmestelle »Unterflurhydrant« und sieben Minuten bei der Wasserentnahmestelle »Offenes Gewässer«, bei Zeitüberschreitungen gibt es je Sekunde einen Minuspunkt.

Bild 17: Auch am Knotengestell zählt die Zeit. (Foto: Dieter Fröchtenicht)

Der 400-Meter-Hindernislauf (B-Teil) ist in neun Abschnitte unterteilt und erfolgt auf einer mindestens 1,2 Meter breiten, markierten Laufbahn. Die Längen der neun Abschnitte, auf die der Jugendfeuerwehrwart die Jugendfeuerwehrmitglieder aufteilt, betragen jeweils 40 bzw. 50 Meter. In einigen dieser Abschnitte sind zusätzliche Aufgaben zu erfüllen. Während im Abschnitt 1 und 2 (jeweils 50 Meter) der Staffelstab lediglich vorangebracht werden muss, ist im Abschnitt 3 ein C-Druckschlauch einfach aufzurollen. Im Abschnitt 4 ist ein Brett zu überlaufen (Bild 18), anschließend ist der Staffelstab auf die abgelegten Schutzhandschuhe von Läufer 5 zu legen. Der Läufer 5 legt die vorgegebene Schutzausrüstung (Gurt, Helm, Schutzhandschuhe) komplett an, durchläuft den Abschnitt 5 und übergibt an den Läufer 6, der wiederum an Läufer 7

Bild 18: Beim B-Teil muss ein Laufbrett überwunden werden. (Foto: Dieter Fröchtenicht)

übergibt. Am Ende des Abschnitts 7 wird der Staffelstab an Läufer 8 übergeben und ein CM-Strahlrohr an einen C-Druckschlauch angekuppelt und durch Läufer 8 mit einem doppelten Ankerstich am Strahlrohr mit Halbschlag ausgeführt. Nach Durchlaufen des Abschnitts 8 wird der Staffelstab an Läufer 9 übergeben (Bild 19). Dieser hat an einer markierten Linie einen Leinenbeutel mit Feuerwehrleine zwischen zwei aufgestellten Stangen hindurchzuwerfen und den Staffelstab über die Ziellinie zu bringen. Aus der Addition der Wertung des A- und B-Teils ergibt sich unter Einbeziehung der Vorgabepunkte die Gesamtwertung.

Der CTIF-Jugendfeuerwehr-Wettbewerb besteht aus einer Feuerwehr-Hindernisübung und einem sportlichen Teil. Auch hier besteht die Gruppe aus neun Jugendfeuerwehrmitgliedern und einer

Bild 19: Übergabe des Staffelstabes an den nächsten Läufer (Foto: Dieter Fröchtenicht)

Ersatzperson, die Altersbegrenzung ist auf 12 bis 16 Jahre festgelegt. Da dieser Wettbewerb nur von relativ wenigen Jugendfeuerwehren absolviert wird, soll an dieser Stelle auf eine ausführlichere Beschreibung verzichtet werden.

9 Allgemeine Jugendarbeit

Die allgemeine Jugendarbeit in der Jugendfeuerwehr kann man durchaus auch als »Bildungsarbeit mit jungen Menschen«, die weit über den Aus- und Fortbildungsbereich der Feuerwehrarbeit hinausgeht, definieren. Allgemeine Jugendarbeit umfasst alle Aktivitäten in und mit der Jugendfeuerwehr, die der Freizeitgestaltung, der Persönlichkeitsentwicklung, aber auch der Selbstbestimmung von Kindern und Jugendlichen dienen und vom feuerwehrtechnischen Bereich abzugrenzen sind. Der Anteil der allgemeinen Jugendarbeit sollte mindestens 50 Prozent der gesamten Jugendfeuerwehrarbeit betragen. Ziele sind u. a. eine Förderung des Wir-Gefühls, Erlernen von Teamfähigkeit, Stärkung der Persönlichkeit, soziales Verhalten, Kennenlernen von Möglichkeiten in kreativen Bereichen und vieles andere mehr.

9.1 Spiel und Sport

Die Vielzahl an Möglichkeiten, sich sportlich und spielerisch in der Jugendfeuerwehr zu betätigen, lässt sich in diesem Roten Heft nur anreißen (Bilder 20 und 21). Dies ist u. a. auch von den örtlichen Gegebenheiten abhängig, beispielsweise ob eine Sporthalle, ein Sportplatz oder ein geeigneter Gruppenraum zur Verfügung steht.

Bild 20: Becherspiel im Landeszeltlager (Foto: Dieter Fröchtenicht)

Bild 21: Riesenmikado beim Deutschen Jugendfeuerwehrtag in Amberg (Foto: Dieter Fröchtenicht)

Nachfolgend einige Anregungen:
- Indiaca ist ein ähnliches Spiel wie Volleyball. Es gibt keine Berührung mit dem »Gegner«, da die Mannschaften durch ein Netz getrennt sind. Indiaca wird nach vorgegebener Spielregel über das Netz gespielt, die Mannschaften sollten dabei etwa gleich stark sein. Bei Turnieren sind verschiedene Altersstufen zu empfehlen.
- Fußballtennis wird ebenfalls mit zwei Mannschaften über ein Netz gespielt. Hier darf der Ball immer nur ein Mal den Boden des Feldes berühren und muss spätestens vom dritten Spieler wieder in das gegnerische Feld zurückbefördert werden.
- Fußball erfreut sich, insbesondere bei Jungen, großer Beliebtheit und kann sowohl in der Halle als auch auf dem Rasen gespielt werden.
- Zahlreiche Gruppenspiele lassen sich unterhaltsam gestalten und dienen zugleich der sportlichen Fitness. Die Leistungsfähigkeit und das Alter der Teilnehmer sollten dabei jedoch berücksichtigt werden.
- Ein Schwimmbadbesuch kann sowohl im normalen Frei- oder Hallenbad wie auch in Spaß- und Erlebnisbädern erfolgen. Wichtig ist hierbei – sofern keine allgemein gültige Zustimmung vorliegt – die Genehmigung der Eltern einzuholen und die Aufsichtspflicht entsprechend auszuüben. Einer besonderen Beaufsichtigung unterliegen die als »Nichtschwimmer« bekannten Jugendfeuerwehrmitglieder. Auch sollte die Badeaufsicht über den Gruppenbesuch informiert werden.
- Auch der Besuch eines Kletter- oder Hochseilgartens stellt ein besonderes Erlebnis dar. Aber auch hier sind die vorgegebenen Sicherheitsmaßnahmen unbedingt zu beachten.

- Mit der Jugendfeuerwehr zum Rodeln oder Schlittschuhlaufen zu gehen ist eine tolle Sache, aber auch mit nicht unerheblichen Gefahren verbunden. Deshalb sind hier besondere Maßnahmen zum Schutz der Jugendfeuerwehrmitglieder zu treffen.
- Ein Konditions- oder Zirkeltraining ist nicht nur für die Bewältigung des B-Teils beim Bundeswettbewerb, sondern auch für die allgemeine Fitness in der Jugendfeuerwehr wichtig.

Neben vielen »bewegten« Spielen gibt es natürlich auch zahlreiche Spielmöglichkeiten im Gruppen- oder Schulungsraum der Feuerwehr, die sowohl zur Unterhaltung wie auch zur Belebung der Gruppenabende beitragen können. Ganz gleich ist hierbei, ob es sich um Geschicklichkeitsspiele, Brettspiele, Kartenspiele usw. handelt.

9.2 Freizeiten und Begegnungen

Neben den bereits genannten spielerischen und sportlichen Aktivitäten gibt es zahlreiche weitere Möglichkeiten der Freizeitgestaltung in der Jugendfeuerwehr. Im Folgenden werden einige Beispiele genannt:
- Ein Grillabend, vielleicht sogar in Verbindung mit einer Nachtwanderung, lässt kulinarischen Genuss und Abenteuer verbinden.
- Mit einem Kinobesuch kann man sowohl Unterhaltung und Abwechslung schaffen, wie auch z. B. für gute Leistungen belohnen. Achtung: die FSK-Grenzen unbedingt beachten!

- Ein Orientierungsmarsch muss nicht nur im Rahmen von Zeltlagern stattfinden, er kann auch zum besseren Kennenlernen der eigenen Ortschaft oder auch der näheren Umgebung durchgeführt werden. Achtung: Im Straßenverkehrsbereich sind eine besondere Aufmerksamkeit und vorherige Belehrung notwendig!
- Zum Kegeln oder Bowlen zu gehen sorgt für Abwechslung und dient zugleich als Anerkennung für gute Gruppenleistungen.
- Besonders Spaß machen kann es, gemeinsam zu kochen und anschließend das selbst gekochte Menü zu verspeisen.
- Theater- oder Museumsbesuche stehen bei Jugendlichen und Kindern nicht unbedingt oben auf der Beliebtheitsskala, trotzdem sind sie im Rahmen kultureller Bildung hin und wieder anzubieten. Für Museumsbesuche bieten sich vor allem auch Feuerwehrmuseen an.
- Bei Radtouren ist nicht nur auf die Verkehrssicherheit der Fahrräder, sondern auch auf diszipliniertes Verhalten der Gruppe im Straßenverkehr zu achten. Auch die Leistungsfähigkeit der schwächsten Jugendfeuerwehrmitglieder ist zu berücksichtigen. Mehrtägige Radtouren bedürfen einer intensiven Vorbereitung, da auch Übernachtungsquartiere zu organisieren sind. Dabei kann es sich um Jugendherbergen, Campingplätze und eventuell sogar Feuerwehrhäuser handeln.
- Bei Boots- und Kanutouren sind nicht nur die Wetterbedingungen und Gegebenheiten der Gewässer zu beachten, auch Schwimmwesten sind für alle (auch Schwimmer) Pflicht.
- Vor Wanderungen muss man sich als verantwortlicher Betreuer rechtzeitig über mögliche Gefahren informieren. Dies gilt vor allem für Wanderungen in Moorgebieten sowie für

Watt- oder Bergwanderungen. Hier sollte vorher die Zustimmung der Erziehungsberechtigten eingeholt werden.
- Der Besuch von Freizeitparks ist meist nicht billig. Hier sollten im Vorfeld Erkundigungen eingeholt werden, welche Vergünstigungen es für Gruppen gibt. Sinnvoll kann es sein, mit mehreren Jugendfeuerwehren gemeinsam einen Freizeitpark zu besuchen, dann kann möglicherweise ein günstigerer Eintrittspreis ausgehandelt werden und ein eventuell erforderlicher Bus ist leichter finanzierbar.

Wer bei mehrtägigen Unternehmungen plant, in Jugendherbergen zu übernachten, sollte rechtzeitig daran denken, sich einen DJH-Ausweis zu beschaffen, um die finanziellen Vorteile auch nutzen zu können.

Zu den Höhepunkten für jeden Jugendfeuerwehrangehörigen zählen sicher die Zeltlager. Über Zeltlager, deren Planung, Gestaltung und Durchführung könnte man leicht ein ganzes Rotes Heft schreiben. Man kann sie im kleinen Rahmen innerhalb der eigenen Jugendfeuerwehr, als Gemeinde-, Kreis- oder Bezirks-Jugendfeuerwehr-Zeltlager durchführen, aber auch Landeszeltlager, wie sie manche Landesjugendfeuerwehren anbieten. Anlässlich des 50-jährigen Bestehens der Deutschen Jugendfeuerwehr fand im August 2014 das 6. Bundesjugendlager als Bundeszeltlager in Königsdorf (Bayern) statt. Schirmherr war Bundespräsident Joachim Gauck. Die etwa 4 000 Teilnehmer verbrachten eine erlebnisreiche Woche mit viel Spiel, Spaß und Sport und einem tollen Rahmenprogramm.

Tabelle 10: Muster einer Einverständniserklärung für eine Zeltlagerteilnahme

An die JF _____
JFW _____
_____
_____

EINVERSTÄNDNISERKLÄRUNG

Ich bin damit einverstanden, dass mein(e) Sohn/Tochter

Vorname	Name
Geb. Datum	Mitglied der JF (Name der JF)
PLZ Wohnort	Straße Nr.

am Zeltlager der Jugendfeuerwehr _____

in _____ in der Zeit vom _____ bis _____ teilnimmt.

Während dieser Zeit wird sie/er der Aufsicht der von der Jugendfeuerwehr genannten Personen unterstellt. Die Aufsichtspflicht erstreckt sich auf alle beaufsichtigten Unternehmungen.

Mein(e) Sohn/Tochter ist Schwimmer/in ☐ ja ☐ nein
Mein(e) Sohn/Tochter darf allein baden ☐ ja ☐ nein

Mein(e) Sohn/Tochter ist vollständig gegen Wundstarrkrampf geimpft, zuletzt am: _____

Mein(e) Sohn/Tochter ist versichert bei der Krankenkasse _____

Eine Chipkarte/Information zur zuständigen Krankenkasse
wird dem Jugendfeuerwehrwart übergeben ☐ ja ☐ nein

Mein(e) Sohn/Tochter hat folgende Krankheiten und Unverträglichkeiten: _____
_____

Mein(e) Sohn/Tochter bedarf einer besonderen Verpflegung/Diät etc. _____
_____

Mein(e) Sohn/Tochter muss regelmäßig folgende Medikamente einnehmen: _____
_____

Mein(e) Sohn/Tochter hat den Mitgliedsausweis der
Deutschen Jugendfeuerwehr dabei ☐ ja ☐ nein
Ich bin damit einverstanden, dass meiner(m) Tochter/Sohn auch
die Möglichkeit des Entfernens vom Lager ermöglicht wird ☐ ja ☐ nein

Dazu entbinde ich die genannten Personen von der Aufsichtspflicht.

Die Erziehungsberechtigten sind während der Zeltlagerzeit unter folgender Telefonnummer erreichbar.

Festnetz: _____ Mobil: _____

Der Teilnehmerbeitrag in Höhe von _____ €
☐ wird von uns auf folgendes Konto überwiesen
☐ wird von uns bar an den Jugendfeuerwehrwart bezahlt

Die Zeltlagerordnung wird anerkannt. Die Aufsichtspflicht erlischt, wenn mein Kind einer Anordnung zuwider handelt.

_____, den _____

_____
Unterschrift des/der Erziehungsberechtigten

Tabelle 11: Muster einer Anmeldung für eine Veranstaltung

An
die JF _____
JFW _____
_____
_____

Anmeldung

Hiermit melde ich mein Kind

_____
_____

Name, Anschrift   Geburtsdatum

für folgende Maßnahme an: _____

am _____ / von: _____ bis: _____

Mein Kind (Zutreffendes bitte ankreuzen)

☐ ist Schwimmer/in	☐ Nichtschwimmer/in
☐ darf baden	☐ nicht baden
☐ darf an Bergwanderungen teilnehmen	☐ nicht teilnehmen
☐ darf an _____ teilnehmen	

☐ benötigt folgende Medikamente: _____

In den letzten sechs Wochen sind ansteckende Krankheiten in unserer Familie/Umgebung aufgetreten

☐   nein   ☐ ja (welche): _____

☐   Ich bin damit einverstanden, dass mein Kind im Krankheitsfall unverzüglich in ärztliche Behandlung gegeben wird.

Unser Hausarzt: _____
                          Name, Anschrift, Telefon

Angaben zur Person des/der Erziehungsberechtigten

Name: _____
Anschrift: _____
Geb. am: _____
Arbeitgeber: _____
Krankenkasse: _____
Erreichbarkeit   Festnetz: _____
                          Mobil: _____

_____   _____
Ort, Datum   Unterschrift des/der Erziehungsberechtigten

Oftmals gehen mit Zeltlagern auch internationale Begegnungen einher, wenn befreundete ausländische Jugendfeuerwehren teilnehmen und man gemeinsam erlebnisreiche Tage verbringt. Für die Teilnahme an Zeltlagern ist es selbstverständlich, dass vorher eine Einverständniserklärung der Erziehungsberechtigten eingeholt wird (siehe Tabellen 10 und 11). Vorab sollte auch ein Elternabend durchgeführt werden. Die Planung des Zeitpunkts und Ortes ist genau so wichtig wie die Beschaffung der notwendigen Zelte, der Transfer zum Zeltlager oder auch die Verpflegung. Natürlich muss ein Zeltlager auch inhaltlich etwas bieten. Deshalb gibt es Tagesprogramme, die mit Spielen und Wettbewerben, Orientierungsmärschen, Freibadbesuchen oder Tagesausflügen gespickt sind (Bilder 22 und 23). Die Abendprogramme in der Ge-

Bild 22: Eröffnungsveranstaltung eines Zeltlagers (Foto: Carsten Fröchtenicht)

Bild 23: Jugendfeuerwehrwimpel auf dem Weg zum Treffen im Zeltlager
(Foto: Carsten Fröchtenicht)

meinschaft der Gruppe – am Lagerfeuer oder auch im Gemeinschaftszelt – sind immer ein Highlight. Da Zeltlager in der Regel über mehrere Tage stattfinden, haben die verantwortlichen Betreuer im Bereich der Aufsichtspflicht, der Personensorge, des Jugendschutzes und vieler anderer gesetzlicher Bestimmungen eine große Verantwortung. Ein fairer Umgang miteinander, aber auch konsequentes Durchsetzen etwaiger Anordnungen, sind bei solchen Veranstaltungen unerlässlich.

9.3 Aktivitäten, Basteln und Werken (Kreativteile)

Sicher fehlt es kaum einem Jugendfeuerwehrwart an kreativen Ideen. Trotzdem gibt es Bereiche, die ein gewisses »Schlummerdasein« fristen und dieses oftmals nur, weil verborgene Fähigkeiten nicht geweckt werden. Einige Jugendfeuerwehren üben beispielsweise kurze Theaterstücke ein und führen diese bei passenden Gelegenheiten vor. Ein Marionetten- oder Puppentheater kann nicht nur selbst gebastelt, sondern im Bereich der Brandschutzerziehung oder Werbung für die Kinderfeuerwehr auch sinnvoll eingesetzt werden. Mit der Einübung von Laienspielen und Sketchen können ganze Jugendabende gestaltet werden. Bei deren Vorführung belohnt der Beifall der Eltern und anderer Gäste die engagierten »Künstler«. Natürlich bedarf es geeigneter Personen in der Jugendfeuerwehr, die diese kulturelle Jugendbildung unterstützen. Dies beginnt möglicherweise mit dem Schreiben eines eigenen Drehbuchs, geht über zu schneidernde oder auszuleihende Kleidung bis hin zum Schminken und Proben. Der Generalprobe folgt dann der Höhepunkt – die Vorführung vor hoffentlich großem und begeistertem Publikum. Viele Jugendfeuerwehren engagieren sich auch im Umweltschutz, z. B. durch Anlegen von Biotopen, Pflege von Anlagen, Bauen, Aufhängen und Warten von Nistkästen, bis hin zu Aufräum- und Entrümpelungsaktionen.

Auch Öffentlichkeitsarbeit kann durch die Jugendfeuerwehrmitglieder selbst kreativ betrieben werden. Einladungen zu Veranstaltungen der Jugendfeuerwehr oder Flyer mit Werbung für die eigene Jugendfeuerwehr können – mithilfe eines Computers oder

Bild 24: Herstellen von Schlüsselbändern beim Landesfest (Foto: Dieter Fröchtenicht)

von Hand – selbst erstellt werden. Plakate oder Kalender mit Fotos aus dem abgelaufenen Jugendfeuerwehrjahr können als Geschenk oder zu Werbezwecken genutzt werden. Es kann auch ein Videofilm über das Geschehen in der Jugendfeuerwehr gedreht und informativ eingesetzt werden.

Bastelarbeiten erfreuen sich nach wie vor großer Beliebtheit, sind jedoch in nicht unerheblichem Maße von den örtlichen Gegebenheiten sowie vom Interesse und Geschick der verantwortlichen Führung abhängig. Ganz gleich, welcher Werkstoff (z.B. Holz, Glas, Papier, Faden, Leder, Stoff, Metall oder Gips) genutzt wird, Bastelmöglichkeiten gibt es in unzähliger Form (Bild 24). Bastelarbeiten sind eine ideale Beschäftigung für das Winterhalbjahr und können sogar zur Aufbesserung der Gruppenkasse dienen, indem die gefertigten Dinge (z. B. bei einem Weihnachtsbasar) verkauft werden. Natürlich sind das Alter und die Leistungsfähigkeit der Jugendfeuerwehrmitglieder sowie die räumlichen Möglichkeiten mit zu beachten, aber viele der nachfolgenden Anregungen lassen sich relativ einfach umsetzen:

- Beim Modellbau kann man z. B. Flugzeug- oder Schiffsmodelle mit vorgefertigten Materialien, nach Schablonen oder auch eigenen Ideen basteln.
- Was sind die verschiedenen Hightech-Drachen aus dem Laden gegen selbst gebaute, bunte Drachen, die bei herbstlichem Wind in die Lüfte steigen?
- Mit der Laubsäge lassen sich viele schöne Dinge fertigen, die man sowohl zur Zierde oder z. B. als Puzzle auch zum Spielen benutzen kann.
- Für den Bereich der Ausbildung kann man ein Planspiel basteln, das für theoretische Unterrichtseinheiten gut einsetzbar ist.
- Ein selbst gebasteltes Diorama, auf dem Einsatzstellen realistisch nachgestellt werden, ist auch eine reizvolle Bastelarbeit. Dafür bietet sich besonders der Maßstab 1:87 (H0) an, in dem es die größte Auswahl an Zubehör, von verschiedenen Fahrzeugen und Gebäuden bis hin zu Miniaturfiguren, gibt.
- Es können Schlüsselanhänger in allen möglichen Formen und aus verschiedenen Materialien gebastelt werden.
- Mit einem »Brennpeter« können nach Vorlagen oder eigenen Ideen Holzbrennarbeiten gemacht werden. Achtung: Die Geräte sind sehr heiß und müssen bei Nichtbenutzung ausgeschaltet (Stecker ziehen) werden!

- Für Hinterglasmalerei bedarf es spezieller Farben sowie einiger Glasscheiben, die man eventuell bei einer Glaserei kostenlos zugeschnitten bekommt.
- Fadenspannbilder (z. B. nachempfundene Hängebrücken) sehen toll aus, bedürfen aber einer erheblichen Portion Geduld.
- Man kann das eigene Feuerwehrhaus oder ein Feuerwehrfahrzeug maßstabgerecht nachbauen und das fertige Modell später ausstellen.
- Beim Bau von Nistkästen sind viele Feinheiten zu beachten, z. B. für welche Vögel sie gedacht sind (Fluglochdurchmesser) und wie sie wetterfest, natürlich aus unbehandeltem Holz, hergestellt werden.
- Vielerorts gibt es traditionelle Seifenkistenrennen und auch manche Jugendfeuerwehr hat sich bereits eine Seifenkiste gebaut, um an diesen Veranstaltungen teilzunehmen.

10 Versicherungsschutz

Für Eltern und deren Kinder ist es nicht unbedeutend, zu wissen, dass Kinder-/Jugendfeuerwehrmitglieder während ihres Dienstes und bei Freizeitaktivitäten der Kinder-/Jugendfeuerwehr einen entsprechenden Versicherungsschutz genießen. Dieser Versicherungsschutz erstreckt sich sowohl auf den Bereich etwaiger Unfälle, die sich in Arbeits- und Wegeunfälle unterteilen lassen, als auch auf den Haftpflichtbereich, also mögliche Schäden, die während des Dienstes entstehen können. Dies gilt allerdings immer unter dem Aspekt, dass eine Verbindung zwischen der dienstlichen Tätigkeit (Jugend- bzw. Kinderfeuerwehrdienst) und dem möglichen Schaden besteht.

10.1 Unfallversicherung

Jeder hofft natürlich, dass seine Kinder immer gesund und unversehrt nach Hause kommen. Hierbei ist es ganz gleich, in welcher Organisation sie sich betätigen und ihre Freizeit verbringen. Die Realität sieht leider oft anders aus. Auf dem Weg zum Verein, zur Jugendfeuerwehr oder auch zu anderen Orten, an denen die Freizeit verbracht wird, sowie auf dem Rückweg sind Kinder und Jugendliche als Verkehrsteilnehmer Gefahren ausgesetzt. Bei der Betätigung innerhalb der Jugendfeuerwehr kann es ebenfalls zu Verletzungen kommen, sei es beim Basteln, Üben oder auch bei anderen Aktivitäten.

Mitglieder der Jugendfeuerwehr genießen im Dienst grundsätzlich den Schutz der gesetzlichen Unfallversicherung. Schon zum Ende des 19. Jahrhunderts wurde die gesetzliche Unfallversicherung als eine der Sozialversicherungssäulen neben Arbeitslosen-, Kranken- und Rentenversicherung eingeführt. Durch sie sollen »Arbeitnehmer« vor etwaigen Folgen eines Arbeitsunfalls geschützt werden. Der Gesetzgeber hat diesen besonderen Schutz auf verschiedene Personengruppen und Tätigkeiten ausgedehnt. Personen, die in Unternehmen unentgeltlich und ehrenamtlich tätig sind, genießen somit den Schutz der gesetzlichen Unfallversicherung. Hierbei ist mit dem Begriff »Unternehmen« nicht das Unternehmen im handels- oder bürgerlich-rechtlichen Sinne gemeint, sondern nur ein verallgemeinerter Begriff gewählt worden. Zu diesen »Unternehmen« zählt die Freiwillige Feuerwehr und somit auch die Jugendfeuerwehr, die in vielen Brandschutzgesetzen auch explizit genannt wird. Mitglieder der Jugendfeuerwehr fallen somit bei ihren Aktivitäten unter diesen Schutz, der sich grob in zwei Arten von Unfällen, nämlich Arbeitsunfall und Wegeunfall, unterscheidet. Auf die Leistungspflicht bei Berufskrankheiten durch die gesetzliche Unfallversicherung soll nur hingewiesen werden, sie kommt bei Jugendfeuerwehrmitgliedern eher weniger zum Tragen.

Ein Unfall im Sinne der gesetzlichen Unfallversicherung muss grundsätzlich während der versicherten Tätigkeit des Jugendfeuerwehrmitgliedes passiert sein, um die Leistungspflicht auch begründen zu können. Ein Unfall in diesem Sinne ist ein schädigendes, von außen auf den Körper einwirkendes, zeitlich begrenztes Ereignis. Der Versicherungsschutz besteht für die Mitglieder der Jugendfeuerwehr, nicht aber beispielsweise für deren Erziehungsberechtigte, die ihre Kinder zum Feuerwehrhaus bringen oder abholen. Zur versicherten Tätigkeit zählt auch das Zurücklegen des Weges zum Feuerwehrhaus hin und zurück, nicht aber der Umweg zum Freund oder zum Einkaufen irgendwelcher Dinge.

Die Unterscheidung in Arbeitsunfälle und Wegeunfälle hat praktische Auswirkungen, obwohl beide in der gleichen Weise entschädigt werden. Erwähnt werden muss hierbei, dass in der Vergangenheit besonders von den gewerblichen Arbeitgebern immer wieder Versuche unternommen wurden, den Bereich der Wegeunfälle aus der gesetzlichen Unfallversicherung auszugliedern, da die Unternehmer hier kaum eine Möglichkeit haben, aktiv an der Unfallverhütung mitzuwirken, über ihre Beiträge die Folgen der Wegeunfälle aber trotzdem mit finanzieren müssen.

Um den Unterschied zwischen der gesetzlichen Unfallversicherung und einer privatrechtlichen Versicherung zu verstehen, werden im Folgenden zwei Besonderheiten erwähnt. Zum einen hat der Gesetzgeber festgelegt, dass verbotswidriges Handeln einen Versicherungsfall nicht ausschließt. Diese Schutzklausel, mit der der Gesetzgeber die Versicherten davor schützen will, dass sie einen Leistungsanspruch verlieren, wenn sie einen Fehler begehen oder durch andere Umstände verbotswidrig handeln, stellt die eine Besonderheit dar. Beachtet werden muss aber, dass bei vorsätzlichem oder grob fahrlässigem Handeln der Unfallversicherungsträger Regressforderungen stellen kann. Der zweite Sonderfall ist die Haftungsbeschränkung, vielfach auch Haftungsprivileg genannt. Durch diese Schutzklausel wird die üblicherweise geltende Haftungspflicht beschränkt. Verursacht zum Beispiel das Jugendfeuerwehrmitglied A eine Verletzung des Jugendfeuerwehrmitgliedes B, weil er beim Stolpern das Mitglied B versehentlich mitreißt, so könnte Mitglied B normalerweise seinen Schaden – und somit die Kosten der Heilbehandlung – bei Mitglied A geltend machen. Da aber beide unter dem Schutz der gesetzlichen Unfallversicherung stehen, wird die Haftung von Mitglied A gegenüber Mitglied B beschränkt und Mitglied B bekommt seinen Schaden vom Unfallversicherungsträger ersetzt. Mit dieser Haftungsbeschränkung hat der Gesetzgeber verhindert, dass sich Mitglieder eines Unternehmens (Feuerwehr) gegenseitig zur Durchsetzung ihrer Ansprüche verklagen und damit den »Betriebsfrieden« nicht unerheblich stören. Von der Haftungsbeschränkung ausgenommen sind Vorsatz und Wegeunfälle.

Für Jugendfeuerwehrmitglieder kann die Haftungsbeschränkung von besonderer Wichtigkeit sein. Im Miteinander kann es leicht zu einer Situation kommen, in der ein Gruppenmitglied einem anderen einen Schaden zufügt, ohne dass dieses vorsätzlich passiert. Wie schnell aus Spaß Ernst wird, weiß jeder, der mit Kindern und Jugendlichen zu tun hat. Die Eltern des Geschädigten können sich also in der Regel den Weg zum Rechtsanwalt sparen, da die Haftung des Schädigers beschränkt ist.

Grundsätzlich sind die Freiwilligen Feuerwehren Einrichtungen des öffentlichen Rechts, der Kommunen (Gemeinden und Städte). Damit ist der für die Kommunen zuständige Unfallversicherungsträger (Feuerwehrunfallkasse = FUK bzw. Gemeindeunfallversicherungsverband = GUV) auch für die Jugendfeuerwehren, die Teil der Freiwilligen Feuerwehren sind, zuständig. Historisch gewachsen gibt es in den nördlichen Bundesländern

Feuerwehrunfallkassen als spezielle Unfallversicherungsträger. Diese Feuerwehrunfallkassen bestehen zurzeit in folgenden Bundesländern als Träger der gesetzlichen Unfallversicherung: Schleswig-Holstein, Hamburg, Mecklenburg-Vorpommern, Niedersachsen, Sachsen-Anhalt, Thüringen und Brandenburg. In den übrigen Bundesländern wird die gesetzliche Unfallversicherung in der Regel durch Gemeindeunfallversicherungsverbände abgedeckt. Welcher Unfallversicherungsträger wo und für welchen Bereich der Versicherten zuständig ist, kann dem Internetauftritt der Deutschen Gesetzlichen Unfallversicherung (DGUV) unter *www.dguv.de* entnommen werden.

10.2 Haftpflichtversicherung

Der Deckungsschutz für Mitglieder der Jugendfeuerwehren in den Freiwilligen Feuerwehren ist in den Bundesländern annähernd gleichermaßen geregelt. Alle kommunalen Versicherungsträger sind in der Bundesarbeitsgemeinschaft Deutscher Kommunalversicherer (BADK) vertreten.

Die Feuerwehr ist eine wichtige Einrichtung der Gemeinden, ihre hoheitlichen Aufgaben sind in den jeweiligen Brandschutzgesetzen und deren Ausführungsbestimmungen, Erlassen, Verordnungen und Richtlinien geregelt. Neben den Kern- oder Pflichtaufgaben nehmen Feuerwehren zahlreiche andere Tätigkeiten wahr, die Hilfeleistungen sowie Handreichungen aller Art zum Inhalt haben. Darüber hinaus hat die Feuerwehr insbesondere in den Dörfern auch eine wichtige gesellschaftliche und kulturelle Funktion.

Die Jugendfeuerwehr als klassische Nachwuchsorganisation der Freiwilligen Feuerwehr zählt selbstverständlich dazu. Unter Zugrundelegung der jeweiligen Brand- bzw. Feuerschutzgesetze der Bundesländer gewähren die Kommunalen Schadenausgleiche und Kommunalversicherer den Feuerwehren und deren Mitgliedern sowie den Jugendfeuerwehren und deren Mitgliedern für den angeordneten bzw. genehmigten Dienst umfassenden und der Höhe nach unbegrenzten Haftpflichtdeckungsschutz. Dies gilt auch für Jugendfeuerwehrmitglieder, soweit diese in der jeweiligen Freiwilligen Feuerwehr satzungsgemäß verankert sind. Das Schutzsystem für Feuerwehren und Jugendfeuerwehren sowie deren Mitglieder ist über die BADK abgestimmt und im Wesentlichen einheitlich festgelegt.

Die BADK ist ein Zusammenschluss von zehn deutschen Kommunalversicherern mit dem Ziel der Koordinierung und Wahrnehmung der gemeinsamen Interessen. Sie existiert seit 1978 und befasst sich grundsätzlich mit allen Fragen und Interessen kommunaler Versicherungsträger. Die BADK tritt gegenüber dem Bund und den Bundesbehörden bei Gesetzgebungsverfahren auf, eine ständige Vertretung in Brüssel besteht seit 2002. Neben der Einflussnahme auf die Gesetzgebung versucht die BADK auch, technische Regeln, die für Kommunen bedeutsam sind, mit zu gestalten. Für die deutschen Kommunalversicherer und die bei ihnen haftpflichtversicherten Kommunen bietet die BADK eine Einrichtung für die gemeinsame Verfolgung von unterschiedlichen Interessen auf nationaler und europäischer Ebene. Mitglieder der BADK sind:

– ADG – Autoschadenausgleich Deutscher Gemeinden und Gemeindeverbände,

- BGVAG – Badische Gemeinde Versicherungs-AG, Karlsruhe,
- BGV – Badischer Gemeinde-Versicherungs-Verband, Karlsruhe,
- GVV – GVV Kommunalversicherung VVaG, Köln,
- HADG – Haftpflichtschadenausgleich der Deutschen Großstädte, Bochum,
- HÖV – Haftpflichtverband öffentlicher Verkehrsbetriebe, Dortmund,
- KSA – Kommunaler Schadenausgleich Hannover, Hannover,
- KSA – Kommunaler Schadenausgleich Schleswig-Holstein, Kiel,
- KSA – Kommunaler Schadenausgleich Westdeutscher Städte, Bochum,
- KSA – Kommunaler Schadenausgleich der Länder Brandenburg, Mecklenburg-Vorpommern, Sachsen, Sachsen-Anhalt und Thüringen, Berlin,
- OKV – Ostdeutsche Kommunalversicherung AG, Berlin,
- VKB – Versicherungskammer Bayern, Versicherungsanstalt des öffentlichen Rechts, München,
- WGV – Württembergische Gemeinde-Versicherungs AG, Stuttgart.

Als Kommunalversicherer werden in Deutschland alle Versicherungen gesehen, die ganz oder überwiegend von Kommunen getragen werden und ganz oder überwiegend für diese tätig sind. Einige Kommunalversicherer sind generell regional tätig, andere beschränken sich auf spezielle Bereiche der kommunalen Betätigung. Nähere Auskünfte über den kommunalen Haftpflichtdeckungsschutz geben die zuständigen Kommunalversicherer.

11 Rechtsfragen

Die rechtlichen Grundlagen der Jugendarbeit sind so komplex, dass sie hier nur in zwei wesentlichen Bereichen angerissen werden können. Auf einzelne, spezifische Urteile kann im Rahmen dieses Roten Heftes nicht eingegangen werden, obwohl diese oftmals eine weitreichende Signalwirkung haben.

11.1 Jugendschutzgesetz

Das »neue« Jugendschutzgesetz (JuSchG) vom 23. Juli 2002 (BGBl IS.2730) löst weitgehend das »alte« Gesetz zum Schutz der Jugend in der Öffentlichkeit (JÖSchG) aus dem Jahr 1985 ab. Dieses Gesetz kann Erziehung nicht ersetzen, sondern es unterstützt Eltern, Jugendleiter und Erzieher bei der Ausübung ihres Erziehungsauftrages und führt Mindestanforderungen sowie Vorschriften, die dem Schutz der Kinder und Jugendlichen dienen sollen, auf. Mit dem Jugendschutzgesetz wird geregelt, was Kinder und Jugendliche in der Öffentlichkeit dürfen und was nicht. Diese Regelungen gelten daher in besonderem Maße auch für die Jugendfeuerwehrarbeit, nicht aber (leider) für den privaten Bereich innerhalb der Wohnung.

Die Erziehung, aber auch die Pflege von Kindern und Jugendlichen gehören zu den wichtigsten Pflichten und Aufgaben von Eltern und mit der Erziehung beauftragten Personen wie Lehrern, Jugendleitern und somit auch Jugendfeuerwehrwarten. Bereits das Grundgesetz verdeutlicht diesen Grundsatz, gesetzliche Bestimmungen machen den Auftrag an die Gesellschaft und den Staat zum Jugendschutz deutlich. Eltern (Erziehungsberechtigte) und Jugendleiter (Erziehungsbeauftragte) sind bei der Erfüllung der Aufgabe, das Recht des Kindes auf Erziehung zu sichern, zu unterstützen. Kinder und Jugendliche sind vor Ausbeutung materieller und körperlicher Art, vor seelischen Zwängen und Gefährdungen zu schützen. Regelungen und Bestimmungen des Jugendschutzes sollten keine Strafinstrumente gegen Kinder und Jugendliche sein, sondern sich zunächst an Erwachsene wenden, die in der Entwicklung befindlichen jungen Menschen dazu anzuhalten, negative Einflüsse, die auf ihre Entwicklung einwirken können, abzuwenden.

Eine große, sicher auch sinnvolle Änderung ergab das Gesetz zum Schutz vor den Gefahren des Passivrauchens vom 20. Juli 2007. Mit diesem Gesetz wurde die Altersgrenze zur Abgabe von Tabakwaren zum 1. September 2007 auf das vollendete 18. Lebensjahr angehoben. Danach darf auch Jugendlichen das Rauchen in der Öffentlichkeit nicht mehr gestattet werden.

In den folgenden Unterkapiteln sind wichtige Auszüge aus dem Jugendschutzgesetz enthalten, die Tabelle 12 zeigt eine Zusammenfassung.

Tabelle 12: Wichtige Bestimmungen des Jugendschutzgesetzes

	Geschützte Altersgruppen	Kinder		Jugendliche			
		unter 14 Jahren		ab 14 unter 16 Jahre		ab 16 unter 18 Jahre	
	Gefährdungsbereiche	ohne Begleitung einer erziehungs-berechtigten Person	in Begleitung einer erziehungs-berechtigten Person	ohne Begleitung einer erziehungs-berechtigten Person	in Begleitung einer erziehungs-berechtigten Person	ohne Begleitung einer erziehungs-berechtigten Person	in Begleitung einer erziehungs-berechtigten Person
§ 4 (1+2)	Aufenthalt in Gaststätten					bis 24 Uhr	
§ 4 (3)	Aufenthalt in Nachtbars und Nachtclubs						
§ 5 (1)	Anwesenheit bei öffentlichen Tanzveranstaltungen					bis 24 Uhr	
§ 5 (2)	Tanzveranstaltungen anerkannter Träger der Jugendhilfe oder bei künstl. Betätigung oder zur Brauchtumspflege		bis 22 Uhr	bis 24 Uhr		bis 24 Uhr	
§ 6	Anwesenheit in Spielhallen, Teilnahme an Glücksspielen						
§ 7	Anwesenheit bei jugendgefährdenden Veranstaltungen und in Betrieben						
§ 8	Anwesenheit an jugendgefährdenden Orten						
§ 9 (1.1)	Abgabe und Verzehr branntweinhaltiger Getränke (auch alk. Mixgetränke oder überwiegend branntweinhaltiger Lebensmittel)						
§ 9 (1.2)	Abgabe und Verzehr anderer alkoholischer Getränke (z. B. Bier, Wein u. Ä.)						

Tabelle 12: (Fortsetzung)

		bis 20 Uhr	bis 22 Uhr	bis 24 Uhr	
§ 10	Abgabe und Konsum von Tabakwaren				
§ 11	Besuch öffentlicher Filmveranstaltungen (nur nach Freigabekennzeichnung „ohne Alterbeschränkung/ab 6 J./ab 12 J./ab 16 J.")	bis 20 Uhr	bis 22 Uhr	bis 24 Uhr	
§ 12	Abgabe von Datenträgern mit Filmen oder Spielen (nur nach Freigabekennzeichnung „ohne Alterbeschränkung/ab 6 J./ab 12 J./ab 16 J.")				
§ 13	Spielen an elektronischen Bildschirmspielgeräten ohne Gewinnmöglichkeit (nur nach Freigabekennzeichnung „ohne Alterbeschränkung/ab 6 J./ab 12 J./ab 16 J.")				

■ erlaubt   ■ verboten

▬ Nur in Begleitung Personensorgeberechtigter

11.1.1 Allgemeines

§ 1 Begriffsbestimmungen

(1) Im Sinne dieses Gesetzes
1. sind Kinder Personen, die noch nicht 14 Jahre alt sind.
2. sind Jugendliche Personen, die 14, aber noch nicht 18 Jahre alt sind.
3. ist personensorgeberechtigte Person, wem allein oder gemeinsam mit einer anderen Person nach den Vorschriften des BGB die Personensorge zusteht (Vater, Mutter oder Vormund).
4. ist erziehungsbeauftragte Person, jede Person über 18 Jahren, soweit sie auf Dauer oder zeitweise aufgrund einer Vereinbarung mit der personensorgeberechtigten Person Erziehungsaufgaben wahrnimmt oder soweit sie ein Kind oder eine jugendliche Person im Rahmen der Ausbildung oder der Jugendhilfe betreut.

(2) Trägermedien im Sinne dieses Gesetzes sind Medien mit Texten, Bildern oder Tönen auf gegenständlichen Trägern, die zur Weitergabe geeignet, zur unmittelbaren Wahrnehmung bestimmt oder in einem Vorführ- oder Spielgerät eingebaut sind [...].

(3) Telemedien im Sinne dieses Gesetzes sind Medien, die nach dem Telemediengesetz übermittelt oder zugänglich gemacht werden [...].

(4) Versandhandel im Sinne dieses Gesetzes ist jedes entgeltliche Geschäft, das im Wege der Bestellung oder Übersendung einer Ware durch Post- oder elektronischen Versand ohne persönlichen Kontakt zwischen Lieferant und Besteller oder ohne durch technische oder sonstige Vorkehrungen sichergestellt ist, dass kein Versand an Kinder und Jugendliche erfolgt, vollzogen wird.

(5) Die Vorschriften der §§ 2–14 dieses Gesetzes gelten nicht für verheiratete Jugendliche.

§ 2 Prüfungs- und Nachweispflicht

(1) Soweit es nach diesem Gesetz auf die Begleitung durch eine erziehungsbeauftragte Person ankommt, haben die im § 1 Abs. 1 Nr. 4 genannten Personen ihre Berechtigung auf Verlangen darzulegen. Veranstalter und Gewerbetreibende haben in Zweifelsfällen die Berechtigung zur Überprüfung.

(2) Personen, bei denen nach diesem Gesetz Altersgrenzen zu beachten sind, haben ihr Lebensalter auf Verlangen in geeigneter Weise nachzuweisen. Veranstalter und Gewerbetreibende haben in Zweifelsfällen das Lebensalter zu überprüfen.

§ 3 Bekanntmachungen und Vorschriften

(1) Veranstalter und Gewerbetreibende haben die nach den §§ 4 bis 13 für ihre Betriebseinrichtungen und Veranstaltungen geltenden Vorschriften […] durch deutlich sichtbaren und gut lesbaren Aushang bekannt zu machen.

(2) Zur Bekanntmachung der Alterseinstufung von Filmen und von Film- und Spielprogrammen dürfen Veranstalter und Gewerbetreibende nur die vom § 14 Abs. 2 genannten Kennzeichnungen verwenden […].

11.1.2 Jugendschutz in der Öffentlichkeit

§ 4 Gaststätten

(1) Der Aufenthalt in Gaststätten darf Kindern und Jugendlichen unter 16 Jahren nur gestattet werden, wenn eine personensorgeberechtigte oder erziehungsbeauftragte Person sie begleitet oder wenn sie in der Zeit zwischen 5.00 und 23.00 Uhr eine Mahlzeit oder ein Getränk einnehmen.

(2) Jugendlichen ab 16 Jahren darf der Aufenthalt in Gaststätten ohne Begleitung einer personensorgeberechtigten oder erziehungsbeauftragten Person in der Zeit von 24.00 bis 5.00 Uhr morgens nicht gestattet werden.

(3) Absatz 1 gilt nicht, wenn Kinder oder Jugendliche an einer Veranstaltung eines anerkannten Trägers der Jugendhilfe teilnehmen oder sich auf einer Reise befinden.

(4) Der Aufenthalt in Gaststätten, die als Nachtbar oder Nachtclub geführt werden, und in vergleichbaren Vergnügungsbetrieben darf Kindern und Jugendlichen nicht gestattet werden.

(5) Die zuständige Behörde kann Ausnahmen von § 1 genehmigen.

Anmerkung: Hiermit sind in der Regel die Kommunalverwaltungen, örtliche Polizeibehörden oder auch Jugendämter gemeint.

§ 5 Tanzveranstaltungen

(1) Die Anwesenheit bei öffentlichen Tanzveranstaltungen ohne Begleitung einer personensorgeberechtigten oder erziehungsbeauftragten Person darf Kindern und Jugendlichen unter 16 Jahren

nicht und Jugendlichen ab 16 Jahren längstens bis 24.00 Uhr gestattet werden.

(2) Abweichend von Absatz 1 darf die Anwesenheit Kindern bis 22.00 Uhr und Jugendlichen unter 16 Jahren bis 24.00 Uhr gestattet werden, wenn die Tanzveranstaltung von einem anerkannten Träger der Jugendhilfe durchgeführt wird oder der künstlerischen Betätigung oder der Brauchtumspflege dient.

(3) Die zuständige Behörde kann Ausnahmen genehmigen.

§ 6 Spielhallen, Glücksspiele

(1) Die Anwesenheit in öffentlichen Spielhallen oder ähnlichen, vorwiegend dem Spielbetrieb dienenden Räumen darf Kindern und Jugendlichen nicht gestattet werden.

(2) Die Teilnahme an Spielen mit Gewinnmöglichkeit in der Öffentlichkeit darf Kindern und Jugendlichen nur auf Volksfesten, Schützenfesten, Jahrmärkten, Spezialmärkten oder ähnlichen Veranstaltungen und nur unter der Voraussetzung gestattet werden, dass der Gewinn in Waren von geringem Wert besteht.

§ 7 Jugendgefährdende Veranstaltungen und Betriebe

Geht von einer öffentlichen Veranstaltung oder einem Gewerbebetrieb eine Gefährdung für das körperliche, geistige oder seelische Wohl von Kindern oder Jugendlichen aus, so kann die zuständige Behörde anordnen, dass der Veranstalter [...] deren Anwesenheit nicht gestatten darf [...].

§ 8 Jugendgefährdende Orte

Hält sich ein Kind oder eine jugendliche Person an einem Ort auf, an dem ihm oder ihr eine unmittelbare Gefahr für das körperliche, geistige oder seelische Wohl droht, so hat die zuständige Behörde oder Stelle die zur Abwendung der Gefahr erforderlichen Maßnahmen zu treffen […].

§ 9 Alkoholische Getränke

(1) In Gaststätten, Verkaufsstellen oder sonst in der Öffentlichkeit dürfen
1. Branntwein, branntweinhaltige Getränke oder Lebensmittel, die Branntwein in nicht nur geringfügiger Menge enthalten, an Kinder und Jugendliche
2. andere alkoholische Getränke (z. B. Bier, Wein u. Ä.) an Kinder und Jugendliche unter 16 Jahren

weder abgegeben noch darf ihnen der Verzehr gestattet werden.
(2) Absatz 1 Nr. 2 gilt nicht, wenn Jugendliche von einer personensorgeberechtigten Person begleitet werden.
(3) In der Öffentlichkeit dürfen alkoholische Getränke nicht in Automaten angeboten werden […].
(4) Alkoholhaltige Süßgetränke im Sinne des § 1 Abs. 2 und 3 des Alkopop-Steuergesetzes dürfen gewerbsmäßig nur mit dem Hinweis »Abgabe an Personen unter 18 Jahren verboten« in den Verkehr gebracht werden […].

§ 10 Rauchen in der Öffentlichkeit, Tabakwaren

(1) In Gaststätten, Verkaufsstellen oder sonst in der Öffentlichkeit dürfen Tabakwaren an Kinder und Jugendliche weder abgegeben noch darf ihnen das Rauchen gestattet werden.
(2) In der Öffentlichkeit dürfen Tabakwaren nicht in Automaten angeboten werden. Dies gilt nicht, wenn ein Automat

1. an einem Kinder und Jugendlichen unzugänglichen Ort aufgestellt ist oder
2. durch technische Vorrichtungen oder ständige Aufsicht sichergestellt ist, dass Kinder und Jugendliche Tabakwaren nicht entnehmen können.

11.1.3 Jugendschutz im Bereich der Medien

§ 11 Filmveranstaltungen

(1) Die Anwesenheit bei öffentlichen Filmveranstaltungen darf Kindern und Jugendlichen nur gestattet werden, wenn die Filme von der obersten Landesbehörde oder einer Organisation der Freiwilligen Selbstkontrolle im Rahmen des Verfahrens nach § 14 Abs. 6 zur Vorführung vor ihnen freigegeben worden sind oder wenn es sich um Informations-, Instruktions- und Lehrfilme handelt, die vom Anbieter mit »Infoprogramm« oder »Lehrprogramm« gekennzeichnet sind.

(2) Abweichend von Absatz 1 darf die Anwesenheit bei öffentlichen Filmveranstaltungen mit Filmen, die für Kinder und Jugendliche ab 12 Jahren freigegeben und gekennzeichnet sind, auch Kindern ab sechs Jahren gestattet werden, wenn sie von einer personensorgeberechtigten Person begleitet werden.

(3) Unbeschadet der Voraussetzungen des Absatzes 1 darf die Anwesenheit bei öffentlichen Filmveranstaltungen nur mit Begleitung einer personensorgeberechtigten oder erziehungsbeauftragten Person gestattet werden

1. Kindern unter sechs Jahren
2. Kindern ab sechs Jahren, wenn die Vorführung nach 20.00 Uhr beendet ist

3. Jugendlichen unter 16 Jahren, wenn die Vorführung nach 22.00 Uhr beendet ist
4. Jugendlichen ab 16 Jahren, wenn die Vorführung nach 24.00 Uhr beendet ist

(4) [...].

§ 12 Bildträger mit Filmen oder Spielen
(1) Bespielte Videokassetten und andere zur Weitergabe geeignete, für die Widergabe auf oder das Spiel an Bildschirmgeräten mit Filmen oder Spielen programmierten Datenträgern (Bildträger) dürfen einem Kind oder einer jugendlichen Person in der Öffentlichkeit nur zugänglich gemacht werden, wenn die Programme von der obersten Landesbehörde [...] für ihre Altersstufe freigegeben und gekennzeichnet worden sind [...].

§ 13 Bildschirmspielgeräte
(1) Das Spielen an elektronischen Bildschirmspielgeräten ohne Gewinnmöglichkeit, die öffentlich aufgestellt sind, darf Kindern und Jugendlichen ohne Begleitung einer personensorgeberechtigten oder erziehungsbeauftragten Person nur gestattet werden, wenn die Programme von der obersten Landesbehörde [...] für ihre Altersstufe freigegeben und gekennzeichnet worden sind.

11.2 Aufsichtspflicht

Ein wichtiger juristischer Begriff innerhalb der Jugend-/Jugendfeuerwehrarbeit ist der der »Aufsichtspflicht«. Jugendfeuerwehrwarte wie auch Betreuer haben bei deren Wahrnehmung nicht nur gesetzliche Bestimmungen zu beachten, sondern müssen auch ihre durch Ausbildung, Praxis und Lebenserfahrung erworbenen pädagogischen Kenntnisse einsetzen. Während die Sorgeberechtigung von Eltern nicht ohne Weiteres auf dritte Personen übertragen werden kann, weil hierfür Anordnungen des Jugendamtes oder Vormundschaftsgerichtes notwendig sind, ist die Übertragung der Aufsichtspflicht von Eltern auf andere Personen, z. B. Jugendfeuerwehrwarte, problemlos möglich (z. B. für die Zeit des Übungsdienstes oder eines Zeltlagers).

An die Übertragung der Aufsichtspflicht von Sorgeberechtigten an beispielsweise Jugendleiter sind keine strengen formellen Anforderungen gestellt. Üblicherweise wird ein schriftlicher oder mündlicher Vertrag zwischen den Eltern und den Aufsichtspersonen abgeschlossen und die Aufsicht kann übernommen werden. Dies muss nicht ausdrücklich in einem Vertrag (z. B. Einverständniserklärung zur Teilnahme an einem Zeltlager) formuliert werden, ist aber zu empfehlen. Bereits durch die Zustimmung zum Beitritt in die Jugendfeuerwehr überträgt sich die Aufsichtspflicht für die Zeiten bei der Jugendfeuerwehr automatisch auf die aufsichtsführende und betreuende Person. Voraussetzung für die Übertragung der Aufsichtspflicht ist immer ein beiderseitiges Einverständnis, ein nur einseitiger Übertragungswille durch die Eltern genügt den rechtlichen Anforderungen nicht.

Feste Regeln, welche die Einhaltung der Aufsichtspflicht betreffen, bestehen nicht bzw. nur begrenzt. Sie können teilweise aus Gerichtsurteilen abgeleitet werden. Häufige Fragen, z. B. wie lange man Kinder bzw. Jugendliche unbeaufsichtigt allein lassen kann oder wie viele Betreuer bei einem Zeltlager notwendig sind, können nicht allgemeingültig beantwortet werden, sondern sind im Bezug auf den jeweiligen Einzelfall zu sehen. Grundsätzlich kann aber gesagt werden, dass die Aufsichtspflicht bei jüngeren Personen oder höherem Gefährdungsgrad, z. B. in der Nähe stark befahrener Straßen, strenger ausgeübt werden muss.

11.2.1 Erfüllung der Aufsichtspflicht

Zur Erfüllung der Aufsichtspflicht gibt es u. a. folgende Möglichkeiten (siehe auch Tabelle 13):
- Hinweis, Belehrung und Warnung,
- Überwachung sowie
- Eingreifen und Verwarnung.

Die einem anvertrauten und zu beaufsichtigenden Kinder und Jugendlichen sind umgehend über mögliche Gefahren und deren Folgen, aber auch die Möglichkeiten strafbaren Verhaltens zu informieren und zu warnen. Hierbei sind die alltäglichen Gefahren zu nennen. Es gilt die Regel, dass die Warnung umso intensiver sein muss, je größer die Gefahr ist. Gefahren durch spielerische Raufereien, regen Straßenverkehr, Gelände- oder Wasserbeschaffenheiten sind hier genauso anzusprechen wie Gefahren, die aus dem Genuss von Nikotin, Alkohol oder Drogen erwachsen können. Der Jugendfeuerwehrwart sollte daher bereits bei der Vorbe-

Tabelle 13: Möglichkeiten der Erfüllung der Aufsichtspflicht

Möglichkeit der Erfüllung der Aufsichtspflicht

Die konkreten Aufsichtsmaßnahmen, die der Betreuer ergreift, um seine Aufsichtspflicht zu erfüllen, müssen sich einerseits an der pädagogischen Geeignetheit messen lassen, andererseits aber auch den drohenden Gefahren gerecht werden. Ausreichend und angemessen ist das folgende Modell:

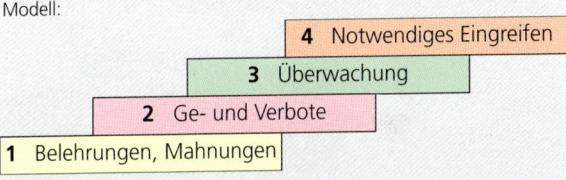

1. Vorsorgliche Belehrungen, Mahnungen
- Gemeint ist, dass auf die Gefährlichkeit bestimmter Situationen und Verhaltensweisen aufmerksam gemacht wird.
- Je größer die Gefahr ist, umso eindringlicher muss die Belehrung sein.

2. Ge- und Verbote
- Im Hinblick auf Sicherheitsinteressen kann es erforderlich sein, bestimmte Ge- und Verbote auszusprechen.
- Sie müssen klar, eindeutig und nachvollziehbar sein.

3. Überwachung
- Eine regelmäßige Kontrolle, ob bestimmte Ge- oder Verbote eingehalten werden, ist notwendig.
- Vorzuziehen ist eine unauffällige und stichprobenweise Überwachung.

4. Notwendiges Eingreifen
- Verbote müssen letztlich durchgesetzt werden.
- Ist Nichtbeachtung eines Verbotes nur Vergesslichkeit, reicht meist erneute Belehrung.
- Bei besonders wichtigen Verboten ist es u. U. erforderlich, der Bedeutung durch Androhen einer Strafe Nachdruck zu verleihen.
- Das stärkste Mittel ist ein Kind nach Hause zu schicken. Dies kommt nur in Betracht, wenn hohe Rechtsgüter (Leben, Gesundheit, wertvolle Sachgüter) auf dem Spiel stehen.

Bild 25: Großer Trubel im Stadion von Amberg (Foto: Dieter Fröchtenicht)

reitung einer Maßnahme/Unternehmung besondere Problembereiche ansprechen und diese beim Beginn (z. B. eines Zeltlagers) nochmals verdeutlichen (Bild 25).

11.2.2 Überwachung

Durch ständiges Überprüfen (auch unauffälliges Beobachten), inwieweit die Belehrung und Warnung verstanden worden ist und befolgt wird, wird bereits ein Großteil der Aufsichtspflicht abgesichert. Hierbei sind besonders Verbote, z. B. für das Betreten bestimmter Gefahrenbereiche, das Hantieren mit gefährlichen Werkzeugen oder undiszipliniertes Verhalten im Straßenverkehr, im

Auge zu behalten. Während beispielsweise bei einer Bergwanderung oder einer Radtour sowohl der Anfang wie auch das Ende der Gruppe durch Betreuungspersonen zu überwachen sind, muss beim Baden und Schwimmen der gesamte Bereich, sowohl für Schwimmer als auch für Nichtschwimmer, überwacht werden. Beim Baden in nicht durch Schwimmmeister oder DLRG überwachten Gewässern haben die aufsichtsführenden Jugendleiter dafür Sorge zu tragen, dass je nach Größe der Gruppe mindestens eine Person mit qualifizierter Rettungsschwimmerausbildung dabei ist.

11.2.3 Verwarnungen

Wenn Anweisungen nicht beachtet, Warnungen nicht befolgt und Verbote missachtet werden, sind daraus Konsequenzen zu ziehen. Hierbei sollte stets der Grund für die Missachtung beachtet werden, ob es sich z. B. um Unbekümmertheit, Leichtsinn, Übermut, jugendliche Geltungsbedürfnisse und Unzulänglichkeiten oder gar um Vorsatz und bösen Willen handelt (der Unterschied zwischen Vorsatz und Fahrlässigkeit wird in Tabelle 14 erläutert). Ein Verwarnen bedeutet nicht nur ein Belehren, die Gefahr ins Gedächtnis rufen, sondern auch mit besonderem Ernst die möglichen Folgen deutlich zu machen. Diese können sowohl die Gefährdung des Kindes bzw. Jugendlichen, der gesamten Gruppe oder auch Dritter bedeuten. Unmissverständlich ist auf Folgen und Konsequenzen hinzuweisen, die der Jugendfeuerwehrwart ziehen wird, wenn Ermahnungen und Verwarnungen nichts bewirken. Bei der Bewertung ist sowohl das Wohl des Einzelnen, der Gruppe als auch Dritter zu berücksichtigen.

Tabelle 14: Vorsatz und Fahrlässigkeit

Vorsatz und Fahrlässigkeit

Vorsätzlich handelt, wer das schädigende Ereignis (= strafrechtlicher Erfolg) will oder billigend in Kauf nimmt.

Fahrlässig handelt, wer die Sorgfalt außer acht lässt, zu der er nach den Umständen und nach seinen persönlichen Verhältnissen verpflichtet und fähig ist, und deshalb das schädigende Ereignis nicht vorhersieht oder darauf vertraut, es werde nicht eintreten.

Vorsatz und Fahrlässigkeit unterscheiden sich durch verschiedene Vorstellungs- und Willensmerkmale:

Vorsatz (direkter)
Vorstellung   B sieht voraus, dass sein Verhalten zur Rechtsverletzung führt oder führen kann
Wille   und er will den Eintritt dieses Erfolges.

Vorsatz (bedingter)
Vorstellung   B sieht voraus, dass sein Verhalten zur Rechtsverletzung führt oder führen kann
Wille   und er nimmt den Eintritt dieses Erfolges billigend in Kauf.

Fahrlässigkeit (bewusste)
Vorstellung   B hält den Eintritt der Rechtsgutverletzung für möglich
Wille   aber er traut darauf, dass dieser Erfolg nicht eintritt.

Fahrlässigkeit (unbewusste)
Vorstellung   Die Möglichkeit einer Rechtsgutverletzung wird nicht bedacht, hätte aber vorhergesehen werden können.
Wille   –

Im Rahmen von Konsequenzen kommen keinesfalls körperliche Züchtigungen (= Körperverletzung), Strafgelder, Freiheits- oder Essensentzug, aber auch keine kollektiven Gruppenmaßnahmen in Frage. Konsequenzen müssen dem Sachverhalt angemessen sein und sollten möglichst in einem entsprechenden Kausalzusammenhang stehen. Wenn beispielsweise jemand ohne Erlaubnis in einem offenen Gewässer badet, darf er, wenn die Gruppe das nächste Mal baden geht, nicht mit oder zumindest nicht ins Wasser. Als massivste Konsequenz eines Fehlverhaltens ist ein Ausschluss von bestimmten Veranstaltungen, ein Ausschluss aus der Gruppe oder ein vorzeitiges Nachhause schicken denkbar oder sogar notwendig, allerdings sind dann die Eltern rechtzeitig zu informieren.

Wer als Jugendfeuerwehrwart nachweisbar entsprechend verfährt, dem wird kaum jemand die Verletzung seiner Aufsichtspflicht vorwerfen können, auch dann nicht, wenn trotz all seiner Bemühungen ein Schaden eingetreten ist. Die Verantwortung richtet sich nicht ausschließlich darauf aus, dass jeglicher Schaden unter allen Umständen vermieden wird, sondern insbesondere darauf, dass die Aufsichtspflicht richtig wahrgenommen und nach bestem Wissen und Gewissen alles getan wird, um Schaden vorzubeugen und zu vermeiden.

11.2.4 Haftung

Bei der Haftung wird in zivilrechtliche und strafrechtliche Haftung unterschieden. Bei Vernachlässigung oder Verletzung der Aufsichtspflicht können sowohl die Jugendfeuerwehr als auch der Jugendleiter zivilrechtlich haftbar gemacht werden (Bild 26). Schäden, die infolge bewusster oder fahrlässiger Verletzung der Aufsichtspflicht entstehen, sind in der Regel zu ersetzen. Dies gilt für Schäden, die einzelne Kinder oder Jugendliche erleiden, aber auch für solche, die durch sie verursacht werden. Eine zivilrechtliche Haftung besteht somit sowohl gegenüber dem Kind oder Ju-

Haftung wegen Vertragsverletzung

Typischerweise übertragen die Eltern die Aufsichtspflicht auf einen Träger und der Betreuer verpflichtet sich gegenüber dem Träger, die Aufsicht auszuüben.

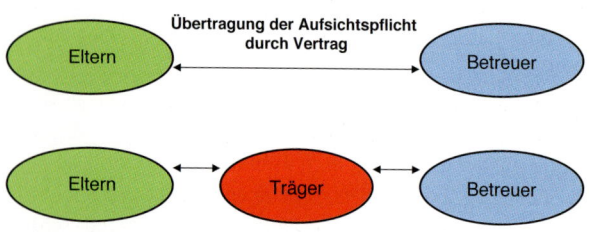

Bild 26: Haftung wegen Vertragsverletzung

gendlichen (§ 823 BGB) wie auch gegenüber dem geschädigten Dritten (§ 832 BGB). Dieser tritt allerdings nur bei Minderjährigkeit des Gruppenmitgliedes ein. In welcher Weise Schadenersatzpflichten zu erfüllen sind, ergibt sich auch aus den §§ 249 sowie 842 bis 844 BGB. In der Regel hat hiernach der Schadenersatzpflichtige den ursprünglichen Zustand wieder herzustellen.

Wer vorsätzlich oder grob fahrlässig das Leben, die Gesundheit, die Freiheit oder auch das Eigentum etc. verletzt, macht sich in der Regel zugleich auch der Körperverletzung, der Freiheitsberaubung, des Diebstahls oder anderer mit Strafe bedrohter Delikte schuldig. Wer die Aufsicht über Kinder und Jugendliche übertragen bekommen hat, macht sich strafbar, wenn diese eine mit Strafe bedrohte Handlung begehen, die bei ordentlicher Ausübung der Aufsichtspflicht hätte verhindert werden können.

11.3 Bundeskinderschutzgesetz/Führungszeugnis

11.3.1 Führungszeugnis

Durch das Bundeskinderschutzgesetz (BKiSchG) soll das Kindeswohl besser geschützt und sexualisierter Gewalt an Kindern und Jugendlichen durch Schutzbefohlene (z. B. Jugendleiter/-innen) entgegengetreten werden. Durch das BKiSchG wurde § 72a SGB VIII geändert. Daraus ergibt sich nun, dass einige Ehrenamtliche in der Jugendarbeit ein erweitertes polizeiliches Führungszeugnis vorlegen müssen, bevor sie ehrenamtlich aktiv werden können. Ob auch Jugendfeuerwehrwarte davon betroffen sind, ergibt sich aus entsprechenden Vereinbarungen zwischen dem Jugendamt und dem Träger (also die Jugendgruppen, Jugendverbände und Vereine), für den die Jugendleiter aktiv sind, oder dem Träger der Feuerwehr. Die örtlichen Jugendämter werden dazu im Bedarfsfall auf die freien Träger zukommen, um eine Vereinbarung abzuschließen. Auf Basis dieser Vereinbarung muss dann der Träger (in der Regel die Gemeinde), für den man aktiv ist, prüfen, wer von den Jugendfeuerwehrwarten und Betreuern ein erweitertes Führungszeugnis vorlegen muss. Weitere wichtige Informationen findet man u. a. auf *www.juleica.de/bkischg.0.html*.

11.3.2 Verdacht Kindeswohlgefährdung

Unter der Gefährdung des Kindeswohls versteht der Gesetzgeber nicht nur die unmittelbare Ausübung von körperlicher oder seelischer Gewalt auf Kinder und Jugendliche (zum Beispiel, wenn das Kind geschlagen oder sexuell missbraucht wird), sondern auch, wenn ein junger Mensch in seiner Entwicklung so eingeschränkt wird, dass seine Existenz dadurch Schaden nimmt. Das ist zum Beispiel dann der Fall, wenn ein Kind nicht regelmäßig die Schule besucht oder die Gesundheit des Kindes leidet. Wenn es zu Kindeswohlgefährdungen kommt, sind es in der Regel die Eltern, die sich nicht genügend um das Wohl ihrer Kinder sorgen und diese z. B. schlagen oder nicht für eine ausreichende Ernährung sorgen.

Auch als Kinder- oder Jugendfeuerwehrwart ist man in der Verantwortung: Wenn man Anhaltspunkte für eine mögliche Kindeswohlgefährdung bekommt, kann einen das durchaus auch in eine Zwickmühle bringen. Denn oftmals vertrauen einem die Kinder diese Probleme nur unter dem Siegel der Verschwiegenheit an und sie wollen nicht, dass man mit anderen darüber spricht. Oder man sieht bei einem Schwimmbadbesuch rote Striemen auf dem Rücken, die den Verdacht nahelegen, dass das Kind geschlagen wurde – hier ist dann Fingerspitzengefühl gefragt. Auf jeden Fall sollte man das Kind dann genauer beobachten: Gibt es öfter Anzeichen dafür, dass das Kind geschlagen werden könnte? Hat sich das Verhalten des Kindes geändert? Hat das Kind von Problemen zu Hause erzählt? Vielleicht kann man auch mal vertrauensvoll mit dem Kind reden. Wenn sich die Vermutungen dann erhärten, sollte man aktiv werden: Denn wenn das Kind in der Familie wirklich ernsthaft geschädigt wird, ist das Wohl des Kindes in Gefahr. Mit solchen Situationen ist man als ehrenamtlicher Jugendleiter schnell überfordert. Das ist normal, schließlich studieren Sozialpädagogen oder Psychologen jahrelang, um in solchen Situationen richtig reagieren zu können. Diese sind dann anzusprechen. Deshalb sollte man sich in einer solchen Situation zunächst an einen Hauptamtlichen des Trägers wenden, um die nächsten Schritte zu besprechen, denn eigentlich ist man auch verpflichtet, das Jugendamt zu informieren. Wenn es keinen Hauptamtlichen gibt, kann man sich immer auch an den Jugendpfleger des Landkreises oder der Gemeinde wenden, der einen unterstützen kann. Wenn eine entsprechende Situation während einer Freizeit auftritt, kann man sich auch an die dort zuständige Jugendpflege wenden. Im Zweifelsfall legt man einfach die Juleica vor und bittet um Amtshilfe.

11.3.3 Führungszeugnisse in der Kinder-/Jugendfeuerwehr

Der Deutsche Jugendfeuerwehrausschuss bezog am 23. November 2012 in Bosen folgende Position:

»Die Pflicht, Führungszeugnisse in bestimmten Fällen von Ehrenamtlichen vorlegen zu lassen, regelt für freie Träger wie die Jugendfeuerwehren der § 72a Absatz 4 des Kinder- und Jugendhilfegesetzes. Dieser Paragraph wurde durch Wirksamwerden des Bundeskinderschutzgesetzes am 1. Januar 2012 in das o. g. Gesetz eingefügt.

Die Umsetzung des Gesetzes wird seit Anfang des Jahres auf allen Ebenen umfassend und kontrovers diskutiert. Der Deutsche Verein – ein gemeinsames Forum von Kommunen und Wohlfahrtsorganisationen, der Bundesländer und anderen – sowie die Bundesarbeitsgemeinschaft der Landesjugendämter haben hierzu Empfehlungen zu Führungszeugnissen erarbeitet.

Im Anschluss hat der Deutsche Bundesjugendring eine Arbeitshilfe für Verantwortliche in der Jugendverbandsarbeit auf lokaler Ebene veröffentlicht (unter www.dbjr.de/publikationen). Die Bundesjugendleitung der DJF empfiehlt diese Arbeitshilfe für die lokalen Aushandlungen mit den Jugendämtern.

Eine bundesweite Empfehlung der DJF, für welche Gruppen ein Führungszeugnis notwendig ist und für welche nicht, soll jedoch nicht vorgenommen werden, da für die Jugend/Feuerwehren vor Ort die länderspezifischen bzw. kommunalen Vorgaben die Grundlage sein werden. Das heißt auch, dass die Jugendämter auf die freien Träger zukommen und i. d. R. vorher kein Handlungsbedarf besteht. Die Landesjugendringe bieten hierzu Beratung und Unterstützung an. Zusätzlich gibt auch das Bundesjugendbüro Auskunft.

Grundsätzlich teilt die Bundesjugendleitung die Argumentation des DBJR, dass die Pflicht von Führungszeugnissen kein geeignetes Mittel ist, um den Schutz des Kindes zu gewähren.

Viel wichtiger ist es, auch weiterhin Präventionskonzepte zu erarbeiten und umzusetzen – so, wie es auf Länder- und Bundesebene seit Langem praktiziert wird.«

11.3.4 Auszug aus dem BKiSchG

§ 72 a Tätigkeitsausschluss einschlägig vorbestrafter Personen

(4) Die Träger der öffentlichen Jugendhilfe sollen durch Vereinbarungen mit den Trägern der freien Jugendhilfe sowie mit Vereinen im Sinne des § 54 sicherstellen, dass unter deren Verantwortung keine neben- oder ehrenamtlich tätige Person, die wegen einer Straftat nach Absatz 1 Satz 1 rechtskräftig verurteilt worden ist, in Wahrnehmung von Aufgaben der Kinder- und Jugendhilfe Kinder oder Jugendliche beaufsichtigt, betreut, erzieht oder ausbildet oder einen vergleichbaren Kontakt hat. Hierzu sollen die Träger der öffentlichen Jugendhilfe Vereinbarungen über die Tätigkeiten

schließen, die von den in Satz 1 genannten Personen auf Grund von Art, Intensität und Dauer des Kontakts dieser Personen mit Kindern und Jugendlichen nur nach Einsichtnahme in das Führungszeugnis nach Absatz 1 Satz 2 wahrgenommen werden dürfen.

12 Internationale Jugendarbeit

Solange es Grenzen gibt, gibt es auch Begehrlichkeiten, diese Grenzen zu überwinden und mit den dort lebenden Menschen Kontakte aufzunehmen. Durch das ständig größer werdende Europa – nicht zuletzt durch den Fall des Eisernen Vorhangs und die Osterweiterung – hat sich das Interesse nach Kontakten zu weiteren Nationalitäten verstärkt. In einer Zeit, in der Entfernungen – abgesehen von den damit verbundenen Kosten, diese zu überwinden – kaum noch eine Rolle spielen, gibt es selbst über Europa hinaus weitreichende Kontakte. Beispielhaft seien hier die Kontakte der Jugendfeuerwehren aus Hamburg nach Nicaragua, der Hessischen Jugendfeuerwehr nach Russland (Region Saratov) oder der Jugendfeuerwehr aus Solingen (Nordrhein-Westfalen) in den Senegal genannt.

Bereits in frühen Jahren der Jugendfeuerwehren wurden Kontakte, insbesondere zum westlichen Ausland – gefördert durch das Deutsch-Französische Jugendwerk – aber auch zu den Benelux-Ländern, Österreich, Italien, Spanien usw., aufgenommen. Viele, vielfach durch persönliche Beziehungen geprägte und gepflegte Begegnungen haben dazu geführt, sich näher kennen zu lernen, Verständnis füreinander zu finden und Freundschaften zu schließen. Zahlreiche Besuche und Gegenbesuche von Jugendfeuerwehren prägen heute ein internationales Bild (Bild 27).

Bild 27: Jugendfeuerwehrmitglieder während eines Zeltlagers (Foto: Carsten Fröchtenicht)

Die internationale Jugendarbeit soll die persönliche Begegnung junger Menschen aus verschiedensten Ländern, ihr gemeinsames Lernen und Arbeiten sowie den Erfahrungsaustausch von Fachkräften der Jugendarbeit über nationale Grenzen hinaus ermöglichen. Sie ist gleichzeitig integraler Bestandteil der Arbeit aller Träger der Jugendhilfe. Die internationale Jugendarbeit soll Kindern und Jugendlichen helfen, andere Gesellschaftsordnungen und Kulturen sowie auch internationale Zusammenhänge besser kennen zu lernen, sich mit ihnen auseinander zu setzen und die eigene Situation besser zu erkennen. Auch dient sie dazu, ausländischen Mitbürgerinnen und Mitbürgern mehr Verständnis und Toleranz entgegenzubringen. Kindern und Jugendlichen soll darüber hinaus bewusst gemacht werden, dass sie als die nachwachsende Generation für die Sicherung und demokratische Ausgestaltung des Friedens wie auch mehr Freiheit und soziale Gerechtigkeit mitverantwortlich sind.

12.1 Kinder- und Jugendplan

Eine besondere Herausforderung für die internationale Jugendarbeit ergab sich – und ergibt sich – aus dem fortwährenden Prozess der europäischen Einigung. Internationale Jugendarbeit trägt dazu bei, dass Kinder und Jugendliche mit ihren Betreuern bei der Fortentwicklung eines freiheitlichen, demokratischen Europas gut motiviert ihren Weg zum solidarischen Handeln gehen. Mit dem Kinder- und Jugendplan des Bundes soll auf der Grundlage des § 83 des Achten Sozialgesetzbuches (Kinder- und Jugendhilfegesetz) – SGB VIII – die Tätigkeit der Kinder- und Jugendhilfe angeregt und gefördert werden. Der Kinder- und Jugendplan soll zur Verwirklichung der Aufgaben und Ziele beitragen, dass junge Menschen ihre Persönlichkeit frei entfalten, ihre Rechte wahrnehmen und ihrer Verantwortung in Gesellschaft und Staat gerecht werden können. Eine finanzielle Förderung durch staatliche Mittel soll somit zum Zusammenwachsen der jungen Generation in Deutschland und Europa, zu mehr Verständnis und Toleranz über alle Grenzen hinaus sowie zur Integration der ausländischen Mitbürgerinnen und Mitbürger beitragen. Nähere Informationen zur Förderung, Bezuschussung und dem Verfahrensweg sind über die Deutsche Jugendfeuerwehr (Bundesjugendbüro) zu bekommen.

12.2 Deutsch-Französisches Jugendwerk

Das Deutsch-Französische Jugendwerk dient dazu, den Kontakt, die Begegnung und den Austausch junger Menschen aus Deutschland und Frankreich zu fördern. Nur die deutsche oder die französische Gruppe kann einen Antrag auf Förderung stellen, dies richtet sich weitgehend nach dem Ort der Begegnung. Für die Beantragung sind die entsprechenden Richtlinien und Formalitäten zu beachten. Insbesondere zur Terminwahrung sind nähere Informationen über die Deutsche Jugendfeuerwehr (Bundesjugendbüro) zu bekommen, dort können auch entsprechende Anträge angefordert werden. Aktuell gilt die DFJW-Richtlinie vom 1. Januar 2013.

12.3 Deutsch-Polnisches Jugendwerk

Vergleichbar mit den anderen Förderungsregelungen wurde das Deutsch-Polnische Jugendwerk geschaffen. Hier geht es besonders darum, den Austausch von Kindern und Jugendlichen zwischen Deutschland und Polen zu fördern und zu aktivieren. Gerade die deutsch-polnische Vergangenheit hat dazu geführt, hier ein gesondertes Förderungsprogramm aufzulegen, um den jungen Generationen die Möglichkeit zu geben, über persönliche Kontakte Freundschaften entstehen zu lassen und bestehende Vorbehalte abzubauen. Auch hier können nähere Informationen über die Deutsche Jugendfeuerwehr (Bundesjugendbüro) oder die Internetseite *www.dpjw.org* eingeholt werden. Die rechtzeitige Beantragung ist wichtig, zurzeit gilt die DPJW-Richtlinie vom 1. Januar 2015.

12.4 CTIF

Im CTIF (Internationales technisches Komitee für Vorbeugenden Brandschutz und Feuerlöschwesen) haben sich die Feuerwehren bereits im Jahr 1900 weltweit zusammengeschlossen, zurzeit gehören 49 Mitgliedsländer dazu. Dieser Zusammenschluss gilt natürlich auch für die Jugendfeuerwehren als Jugendorganisation der Feuerwehren. Mit der ersten CTIF-Jugendleitertagung im September 1974 in Niederfäulen (Luxemburg) hat eine Reihe von Begegnungen begonnen, die zu einem Erfahrungsaustausch, der Pflege gemeinsamer Interessen und insbesondere zu zahlreichen Freundschaften zwischen vielen Nationen führten. Die auf diese Weise entstandenen Kontakte werden teilweise auf Bundes-, Landes-, Kreis-, ja sogar auf Ortsebene gepflegt. Sie haben dazu geführt, dass es inzwischen Tradition ist, gegenseitig Zeltlager zu besuchen und andere gemeinsame Veranstaltungen durchzuführen, so z. B. Workcamps, aber auch die Internationalen CTIF-Wettbewerbe, die erstmals 1977 in Ettelbrück (Luxemburg) und zuletzt 2015 in Mafra (Portugal) stattfanden.

Bild 28: Teilnehmer des CTIF-Wettbewerbes in Ostrava 2009 (Foto: Marco Haupenthal)

Bild 29: Zuschauertribüne beim CTIF-Wettbewerb in Ostrava 2009 (Foto: Marco Haupenthal)

13 Öffentlichkeitsarbeit

Eine gute, informative, objektive und ansprechende Öffentlichkeitsarbeit dient dazu, die Jugendfeuerwehr und ihre Arbeit darzustellen. Für die Information der Allgemeinheit, der Eltern, aber auch der Jugendfeuerwehrmitglieder selbst ist sie unverzichtbar. Die vielfältigen Möglichkeiten, Öffentlichkeitsarbeit zu betreiben, sind im Zeitalter moderner Medien kaum noch darstellbar. Beschränkte sich Öffentlichkeitsarbeit früher hauptsächlich auf Presseberichte (z. B. Bericht über ein Zeltlager oder einen Wettbewerb, Bild 30), Werbeaufkleber, Informationsflyer, Selbstdarstellungsfilme u. Ä., gibt es im heutigen Medienzeitalter – von der

Bild 30: Pokalaufbau vor der Siegerehrung (Foto: Carsten Fröchtenicht)

multimedialen DVD bis zum professionellen Internetauftritt – zahlreiche weitere Möglichkeiten, um Öffentlichkeitsarbeit zu betreiben.

Besonders in einer Zeit, in der alle Jugendverbände dem demografischen Wandel unterliegen, ist eine positive und informative Öffentlichkeitsarbeit für die Mitgliedergewinnung von unschätzbarem Wert. Vielfach gelangen wichtige Informationen der Kinder-/Jugendfeuerwehr über die Tagespresse an die Eltern. Zu berücksichtigen ist der Schutz der Persönlichkeit, die »Einverständniserklärung für Veröffentlichungen« (siehe Tabelle 6b) sollte unbedingt beachtet werden.

Die Vielfalt und der Ideenreichtum im Bereich der Öffentlichkeitsarbeit lassen sich im Rahmen dieses Roten Heftes nicht allumfassend darstellen, dennoch werden im Folgenden einige Beispiele genannt.

13.1 Möglichkeiten der Öffentlichkeitsarbeit

Pressearbeit
Gute Kontakte zu den entsprechenden Redaktionen und deren regelmäßige Information sind notwendig, um die Jugendfeuerwehrarbeit in der Presse darzustellen.

Flyer
Mit Flyern kann auf Veranstaltungen aufmerksam gemacht werden, sie eignen sich aber auch zur allgemeinen Information oder Mitgliederwerbung.

Fotos/Bilder

Fotos und Bilder sind nicht nur für Flyer und die Pressearbeit einsetzbar, sie können auch an Info- und Pinnwänden, in Aushangkästen oder an Messeständen und in Alben werbewirksam eingesetzt werden.

Aufkleber

Mit Aufklebern kann für die Jugendfeuerwehr selbst oder auch für eine bestimmte Veranstaltung geworben werden.

Filme

Mit kurzen, selbst gedrehten Filmen, die mit einem Beamer bei verschiedenen Veranstaltungen gezeigt werden können, ist es sowohl möglich, Werbung für die Jugendfeuerwehrarbeit zu machen, als auch Informationen, von der allgemeinen Jugendarbeit bis zum Zeltlager, zu geben.

Tag der offenen Tür

Bei einem Tag der offenen Tür kann man die Jugendfeuerwehrarbeit sowohl interessierten Kindern und Jugendlichen wie auch deren Eltern, der Bevölkerung oder Sponsoren und Gönnern vorstellen. Bei solchen Veranstaltungen kann man auch kleine Vorführungen einbauen, in der Jugendfeuerwehr gebastelte Dinge ausstellen und eventuell sogar veräußern, Filme zeigen, Flyer und andere Werbemittel verteilen und mit dem Verkauf von Speisen und (alkoholfreien) Getränken die Gruppenkasse aufbessern.

Werbemittel (Give-aways)

Mit einer Vielzahl von – oftmals preisgünstigen – Werbemitteln kann auf die Jugendfeuerwehr aufmerksam gemacht werden. Optimal ist es natürlich, wenn diese Werbemittel von Sponsoren kostenlos zur Verfügung gestellt werden. Die Palette möglicher Werbemittel reicht von Luftballons über Kugelschreiber, Schlüsselanhänger bis hin zu USB-Sticks mit Werbeaufdruck und Ähnliches.

Briefmarke »50 Jahre Deutsche Jugendfeuerwehr« (2014)

14 Wechsel von der Jugendfeuerwehr in die Einsatzabteilung

Wie bereits mehrfach erwähnt, war einer der wesentlichen Gründe für die Einrichtung von Jugendfeuerwehren die Gewinnung von Nachwuchs für die Einsatzabteilungen der Freiwilligen Feuerwehren. Um Jugendfeuerwehrmitglieder auf die Einsatzabteilung und deren Aufgaben einzustimmen, ist eine sorgfältige Vorbereitung des Wechsels von besonderer Bedeutung. Insbesondere in Feuerwehren, in denen der Wechsel ordentlich vorbereitet wird, erweisen sich die ehemaligen Jugendfeuerwehrmitglieder auch in der Einsatzabteilung als beständig und zuverlässig. Die Tabelle 15 enthält einen Vordruck zur Abmeldung, Ummeldung und Übernahme aus der Jugendfeuerwehr.

14.1 Vorbereitung der Jugendfeuerwehr

Wenn ein Jugendfeuerwehrmitglied das nach jeweiligem Landesrecht geltende Endalter für die Jugendfeuerwehr erreicht, müssen Überlegungen angestellt werden, wie es weitergeht. Ein gewisser Anteil an Jugendfeuerwehrmitgliedern wird sich dafür entscheiden, nach der Jugendfeuerwehrzeit die Feuerwehr zu verlassen. Der überwiegende Teil wird aber sicherlich in den aktiven Dienst der Freiwilligen Feuerwehr überwechseln. Wichtig ist es, beim an-

Tabelle 15: Vordruck »Abmeldung – Ummeldung – Übernahme«

Jugendfeuerwehr: _____ Landkreis _____
Lfd. Nr. _____

ABMELDUNG – UMMELDUNG – ÜBERNAHME

Name : _____
Vorname : _____
Anschrift : _____
Eintritt : _____ Geburtsdatum: _____

Ich möchte mich aus der Jugendfeuerwehr _____

zum _____ abmelden.

Begründung:

☐ Übernahme in die Einsatzabteilung ab _____
   (evtl. Aufnahmegesuch an Freiwillige Feuerwehr erforderlich)
☐ Wohnortwechsel
   neue Anschrift: _____
☐ kein Interesse mehr an der Jugendfeuerwehr
☐ terminliche Gründe (Schule, andere Vereine usw.)
☐ zu alt für JF und möchte nicht in die Einsatzabteilung übernommen werden
☐ sonstige Gründe: _____

Ich bitte um ☐ Aushändigung meines JF-Mitgliedsausweises
              ☐ eine Bestätigung meiner Mitgliedschaft

_____   _____
Ort/Datum   Unterschrift

Ich bestätige die Angaben meiner(s) Tochter/Sohnes und stimme ihrer/seiner

☐ **Abmeldung**   ☐ **Ummeldung**   ☐ **Übernahme**

zu.

_____   _____
Datum   Unterschrift(en) des/der
                                 Erziehungsberechtigten

Für die Richtigkeit:

_____   _____
Ortsbrandmeister/in   Jugendfeuerwehrwart/in

_____   _____
Ort/Datum   Ort/Datum

Zutreffendes bitte ankreuzen

stehenden Wechsel die eigenständige Entscheidung des Jugendlichen zu beachten und zu respektieren. Bei den nun anzustellenden Überlegungen und Vorbereitungen sind sowohl der Jugendfeuerwehrwart wie auch die Gruppe für die Ebnung des Weges von besonderer Bedeutung. Sorgfältig sollte darauf geachtet werden, ob das Jugendfeuerwehrmitglied nicht nur das entsprechende Alter, sondern auch die körperliche und geistige Reife sowie die entsprechende Leistungsfähigkeit besitzt. Bei Jugendfeuerwehren, die sich aus Mitgliedern mehrerer Ortschaften zusammensetzen, ist gegebenenfalls dafür zu sorgen, dass entsprechende Kontakte zur zukünftigen Einsatzabteilung aufgebaut bzw. intensiviert werden.

Jugendfeuerwehrmitglieder sind in der Regel junge, engagierte und zum Teil auch schon gut qualifizierte Menschen für den Dienst in der Freiwilligen Feuerwehr. Sie haben in der Jugendfeuerwehr nicht nur die Technik und Handhabung von Geräten erlernt, sondern auch viel theoretisches Wissen über den Brandschutz, die Hilfeleistung und die Einsatztätigkeiten der Feuerwehr erworben. Vielfältige Gründe bewegen nun zum Wechsel in die Einsatzabteilung. Da sind zum einen die Freunde aus der Jugendfeuerwehr, die zeitgleich in die Einsatzabteilung wechseln oder schon gewechselt haben, aber auch das lang erstrebte Ziel, in der »richtigen« Feuerwehr mitmachen zu dürfen. Da der Jugendfeuerwehrwart in der Regel auch Mitglied der Einsatzabteilung ist, hat er Kontakte zu den aktiven Mitgliedern und kann am besten einschätzen, wie das Jugendfeuerwehrmitglied in die Einsatzabteilung integriert werden sollte. Die Vorbereitung des Wechsels ist daher besonders durch den Jugendfeuerwehrwart vorzunehmen, zumal er als aktives Mitglied der Feuerwehr weiter Kontakt zu dem ehemaligen Jugendfeuerwehrmitglied halten kann.

Der Termin des Wechsels in die Einsatzabteilung sollte sorgfältig ausgewählt werden und nicht an starre Vorgaben gebunden sein. Ein »weicher« Übergang nach dem Motto »noch ein bisschen Jugendfeuerwehr, aber auch schon ein bisschen Einsatzabteilung« hat sich vielfach bewährt. Auf diese Weise wird der Wechsel abgefedert und mögliche Sorgen oder eventuell auftretende Probleme können weiterhin mit dem Jugendfeuerwehrwart erörtert werden. Während dieser Übergangszeit kann der Besuch des Grundlehrgangs neue Bekanntschaften fördern und damit zu einem erfolgreichen Wechsel beitragen. Auch ein gemeinsamer Übertritt mehrerer Jugendfeuerwehrmitglieder stärkt die Selbstsicherheit des Einzelnen, zumal sich dieser dann weiterhin innerhalb eines bekannten Personenkreises bewegt.

14.2 Vorbereitung der Freiwilligen Feuerwehr

Das Bestreben einer jeden Wehrführung wird es sein, junge, engagierte und qualifizierte Leute – insbesondere auch die, die aus der Jugendfeuerwehr kommen – in die Einsatzabteilung einzubinden. Hierfür bedarf es einer sorgfältigen Vorbereitung.

Vielfach weist der Dienst in der Jugendfeuerwehr eine größere Bandbreite und Attraktivität auf als der Dienst in der Einsatzabteilung (das Einsatzgeschehen einmal ausgenommen). Deshalb sollte der Dienstplan der Einsatzabteilung so gestaltet werden, dass er nicht nur den heutigen Anforderungen an Feuerwehrmitglieder gerecht wird, sondern auch eine gewisse Abwechslung zwischen Theorie, Praxis, Sport usw. bietet.

Für die Übernahme von Jugendfeuerwehrmitgliedern kann eine Art »hospitieren« in der Einsatzabteilung sinnvoll sein. Damit besteht die Möglichkeit, sowohl den »neuen« Kameradenkreis wie auch die Arbeitsweise und den Umgang miteinander kennen zu lernen. Zugleich können die Kontakte zur Jugendfeuerwehr für eine gewisse Zeit weiter bestehen bleiben.

Besonders die Führungskräfte (Gruppen- und Zugführer, Wehrführung usw.) sollten frühzeitig auf die zum Wechsel anstehenden Jugendfeuerwehrmitglieder zugehen. Hierbei ist zu beachten, dass diese jungen Leute oftmals bereits ein fundiertes Grundwissen über die Feuerwehr mit einbringen, aber ihre eigenen Fähigkeiten hin und wieder auch überschätzen. Deshalb sind Erfahrungen in der Menschenführung und ein entsprechendes Fingerspitzengefühl unerlässlich.

Das mitgebrachte Wissen eines Jugendfeuerwehrangehörigen ist für beide Seiten von besonderer Bedeutung, darf aber weder zu der Erwartung und erst recht nicht zu der Forderung führen, eine besondere Stellung innerhalb der Einsatzabteilung beanspruchen zu können. Seitens der Freiwilligen Feuerwehr sollte hinsichtlich des Übernahmedatums wie auch der Übernahmebedingungen eine gewisse Flexibilität vorhanden sein. Der Wechsel ist entsprechend abzufedern, ein »Wurf ins kalte Wasser« kann schnell zu einem frühen Resignieren des jungen Menschen führen. Es sind neue Vertrauensverhältnisse aufzubauen, das Selbstbewusstsein des bisherigen Jugendfeuerwehrmitglieds ist zu stärken. Das Gefühl »du wirst gebraucht« muss genauso vermittelt werden wie ein gewisses Maß an Anerkennung und Akzeptanz.

Obwohl die Anzahl der weiblichen Mitglieder in den Freiwilligen Feuerwehren in den vergangenen Jahren zugenommen hat, steht diese nach wie vor in keinem Verhältnis zu den rund 25 Prozent weiblicher Mitglieder in den Jugendfeuerwehren. Deshalb bedarf es einer besonderen Aufmerksamkeit und Anstrengung, zukünftig mehr weibliche Jugendfeuerwehrmitglieder, die das entsprechende Alter erreicht haben, für die Tätigkeit in der Einsatzabteilung und somit den Verbleib in der Freiwilligen Feuerwehr zu gewinnen.

Wenn sich alle Seiten – das Jugendfeuerwehrmitglied, der Jugendfeuerwehrwart und die Einsatzabteilung – entsprechend aufeinander einstellen, miteinander reden und Veränderungen besprechen, dann sollte es in den meisten Fällen gelingen, die vielfach langjährigen Jugendfeuerwehrmitglieder auch auf Dauer in die Einsatzabteilung zu integrieren.

15 Kinderfeuerwehren

Die demografische Veränderung unserer Gesellschaft führt dazu, dass man sich in den Feuerwehren – respektive Jugendfeuerwehren – zunehmend Gedanken macht, Kinder noch vor dem Jugendfeuerwehr-Eintrittsalter zu gewinnen. Wie auch in anderen Organisationen und Vereinen mit Erfolg praktiziert, sollen die Kinder frühzeitig gewonnen werden. Dies geschieht auf verschiedenste Art und Weise. So wurde in einigen Bundesländern das Jugendfeuerwehr-Eintrittsalter auf acht bzw. sogar sechs Jahre gesenkt. Ein adäquater Weg, um an die jüngere Generation heranzukommen, aber auch die Jugendfeuerwehr-Gruppenstärke aufrecht zu erhalten bzw. auszubauen.

Andere Bundesländer setzen, das gleiche Ziel verfolgend, auf die Einrichtung von Kinderfeuerwehren. Diese gelten als idealer Unterbau und Vorstufe für die spätere Jugendfeuerwehr. Zur Einrichtung solcher Kinderfeuerwehren ist jedoch eine rechtliche Grundlage zu schaffen, um diese unter dem Dach der Feuerwehren als gesonderte Organisationseinheit zu führen und auch abzusichern. So gibt es z. B. in Niedersachsen durch das Niedersächsische Brandschutzgesetz die Möglichkeit, neben den Jugendfeuerwehren auch Kinderfeuerwehren zu bilden, die dadurch entsprechend abgesichert sind.

Bild 31: Mitglieder einer Kinderfeuerwehr (Foto: Diana Wermuth)

Bild 32: Spielerisches Lernen in der Kinderfeuerwehr (Foto: Lennart Kutzner)

Als Eintrittsalter für Kinderfeuerwehren hat sich das 6. Lebensjahr (Einschulungsalter) als zweckmäßig und sinnvoll erwiesen. Das Endalter sollte sinnvoller Weise eine Übergangszeit zum Jugendfeuerwehr-Eintrittsalter enthalten. Hierdurch kann beim Übergang in die Jugendfeuerwehr der psycho-physischen Entwicklung des jeweiligen Kindes Rechnung getragen werden. In der Kinderfeuerwehr werden die Kinder an die späteren Aufgaben und Möglichkeiten in der Jugendfeuerwehr herangeführt, ohne dass hierbei die körperliche und geistige Leistungsfähigkeit außer Acht gelassen wird. Entwicklung von Teamgeist und Förderung von gruppendynamischen Prozessen gehören ebenso dazu, wie die spielerische Vorbereitung auf eine spätere Mitgliedschaft in der Jugendfeuerwehr. Vielfältige Angebote und Aktivitäten können den Kinderfeuerwehrdienst bereichern und ständig neu beleben.

Wesentliche Aufgaben in einer Kinderfeuerwehr sind oder sollten sein (Beispiele alphabetisch):
- Basteln,
- Brandschutzerziehung,
- Erläuterung von Geräten und Einrichtungen,
- Erlernen demokratischer Verhaltensweisen,
- Förderung der Teamfähigkeit,
- Förderung sozialer Kompetenz,
- Integration von Kindern ausländischer Herkunft,
- Sensibilisierung für Aufgaben der Gemeinschaft,
- Spiel und Sport,
- Umgang mit Kübelspritze und D-Strahlrohr,
- Verkehrserziehung,
- Vorbereitung auf die Jugendfeuerwehr.

Bild 33: Gemeinsames Lösen einer Aufgabe (Foto: Jenny Fröchtenicht)

Diese Aufgaben dienen dazu, Kinder zu begeistern und auf ihr späteres Leben vorzubereiten.

So sind Brandschutz- und Verkehrserziehung, aber auch Basteln, Spiel und Sport attraktive Möglichkeiten, um Kinder zu begeistern. Dass auch Informationen über die Aktivitäten der Jugendfeuerwehr und die Tätigkeiten der Freiwilligen Feuerwehr dazu gehören, ist selbstverständlich.

Bei der Betreuung von Kinderfeuerwehren ist es besonders wichtig, dass diese von Personen übernommen wird, die entsprechende pädagogische Fähigkeiten und Kenntnisse besitzen. Allerdings ist es keineswegs erforderlich, dass es sich hierbei ausschließlich um ausgebildete und qualifizierte pädagogische Fachkräfte handelt. Da Kinder eines besonderen Schutzes und einer entsprechenden Fürsorge bedürfen, ist es von großer Wichtigkeit, die einschlägigen gesetzlichen Bestimmungen, beginnend mit der Aufsichtspflicht bis hin zum Jugendschutzgesetz, zu beachten.

Egal ob nun Kinderfeuerwehren eingerichtet oder Aufnahmealtersgrenzen für Jugendfeuerwehren gesenkt werden: Wichtig ist es letztendlich, Wege zu finden und zu beschreiten, die Kindern die Möglichkeit eröffnen, sich frühzeitig zur Organisation der Feu-

Bild 34: Besuch eines Freizeitparks (Foto: Kinderfeuerwehr Rosdorf)

erwehr zu begeben. Um einerseits Kindern die Möglichkeit einer sinnvollen Freizeitgestaltung aufzuzeigen und andererseits für die Jugendfeuerwehren/Feuerwehren einen entsprechenden Unterbau zu konzipieren, wird man früher oder später nicht darum hin kommen, sich auch innerhalb der Feuerwehren intensiver mit dem Thema »Kinder in der Feuerwehr« zu befassen. Die Entwicklung der Mitgliederzahl der 6- bis 10-Jährigen, die sich seit 2003 mehr als verzehnfacht hat, belegt dies sehr eindrucksvoll (siehe Tabelle 16).

Um eine entsprechende Strukturierung der Arbeit in einer Kinderfeuerwehr zu erhalten, ist es sinnvoll, eine Ordnung zu schaffen, die sich mit Aufgaben und Zielen, Mitgliedschaft, Rechten und Pflichten, der Leitung und auch der Organisationsstruktur befasst. Der wesentliche spielerische und auch erzieherische Effekt sollte hierbei natürlich nicht außer Acht gelassen werden.

Tabelle 16: Mitgliederentwicklung der Kinderfeuerwehren in Deutschland

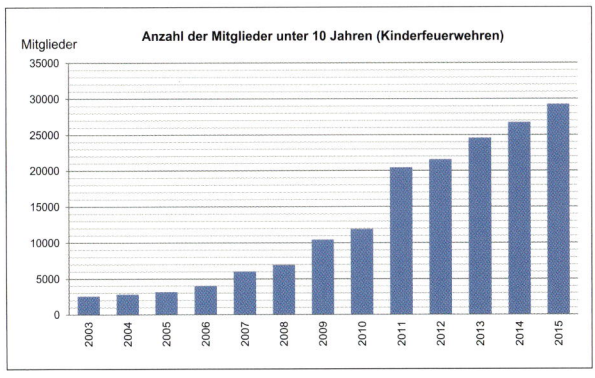

Für die Betreuer von Kinderfeuerwehren werden spezielle Aus- und Fortbildungen angeboten, z. B. zu den Themen:
- Grundlagen in der Kinderfeuerwehr,
- Basteln in der Kinderfeuerwehr,
- pädagogisches Arbeiten mit Kindern unter zehn Jahren,
- Kreativität in der Kindergruppe,
- Experimente in der Kinderfeuerwehr,
- besondere Kinder in der Kinderfeuerwehr,
- Gruppenspiele,
- Natur- und Erlebnispädagogik.

Die Tabelle 17 stellt beispielhaft ein Anmeldeformular einer Kinderfeuerwehr dar, ein Beispiel eines Aufnahmeantrags ist in Tabelle 18, ein Beispiel einer Abmeldung aus der Kinderfeuerwehr in Tabelle 19 dargestellt.

Tabelle 17: Beispiel einer Anmeldung einer Kinderfeuerwehr

Ordnungsnummer: (offen lassen)
_____

An die Geschäftsstelle der Jugendfeuerwehr des Landesfeuerwehrverbandes des Bundeslandes:

_____

Gründungsdatum: _____

Anmeldung einer Kinderfeuerwehr

Kinderfeuerwehr:

_____
Name der Kinderfeuerwehr

FF in:

_____
Stadt-/Ortsteil

_____
Landkreis

_____
Reg. Bezirk (Bezirk)

Gruppenstärke:

Mitglieder: ☐ ☐ ☐
Jungen Mädchen Gesamt

Kinderfeuerwehrwart/-wartin:

_____
Zu- und Vorname

_____
geb. am   Beruf

_____
Straße/Hausnummer

_____
PLZ/Ort

_____
Telefon   Mobil   Fax

_____
E-Mail

Die Kinderfeuerwehr wird hiermit offiziell angemeldet.

_____
Datum   Unterschrift und Stempel
                Leitung der Feuerwehr oder
                Stadt-/Gemeindeverwaltung

Tabelle 18: Beispiel eines Aufnahmeantrags

Antrag zur Aufnahme in die Kinderfeuerwehr

Ich bitte um Aufnahme in die Kinderfeuerwehr der Ortsfeuerwehr_____

Vorname: _____ Familienname: _____

PLZ, Ort: _____ Straße: _____

Geburtsdatum: _____

vertreten durch Erziehungsberechtigte(r):

Name, Vorname: _____

Anschrift: _____

Festnetz: _____ Mobil: _____

Ich bin über die Rechte und Pflichten eines Mitgliedes in der Kinderfeuerwehr (Ordnung der Kinderfeuerwehr) belehrt worden. Ich verpflichte mich, an den angesetzten Diensten und Gruppenveranstaltungen regelmäßig, pünktlich und aktiv teilzunehmen.

Fotoerlaubnis Ich bin einverstanden, dass während der Veranstaltungen der Kinderfeuerwehr erstelltes Bildmaterial, auf dem ich zu sehen bin, in den Medien (Presse) und auf der Internetseite der Feuerwehr veröffentlicht wird.

Wenn ich aus der Kinderfeuerwehr ausscheide, werde ich die leihweise erhaltenen Ausrüstungsgegenstände umgehend zurückgeben.

_____ _____
(Ort, Datum) (Unterschrift des Kindes)

Datenverarbeitung und Weitergabe Wir Eltern sind mit der Verarbeitung und digitalen Speicherung der persönlichen Daten bei der Feuerwehr und der Gemeindeverwaltung einverstanden.

Ordnung der Kinderfeuerwehr Ich/wir erkenne/n die Ordnung über die Kinderfeuerwehr an.

Abholregelung

☐ Mein/unser Kind darf nach der Kinderfeuerwehr allein nach Hause kommen.

☐ Ich/wir werde/n mein/unser Kind im Anschluss an die Kinderfeuerwehr abholen/oder abholen lassen.

☐ Je nach Veranstaltung gebe/n ich/wir meinem/unserem Kind eine schriftliche Nachricht mit.

Veränderungen, Übernahme, Ausrüstung/Material Persönliche Veränderungen (Wohnsitzwechsel etc.) werde/n ich/wir unverzüglich der Feuerwehr bekanntgeben.

Ich/wir bestätige/n die Angaben meines/unseres Kindes und stimmen der Aufnahme zu. Ich/wir weiß/wissen, dass die Aufsichtspflicht der Feuerwehr mit der Gruppenstunde beginnt und endet.

_____ _____
(Ort, Datum) (Unterschrift des/der Erziehungsberechtigten)

Tabelle 19: Beispiel einer Abmeldung aus der Kinderfeuerwehr

Austritt und Entlassung aus der Kinderfeuerwehr

Mitgliedsnummer: ____

_____ _____
Vorname   Name

_____ _____
Straße, Hausnummer   PLZ, Wohnort

_____ _____
Geburtsdatum   Geburtsort

Ich bitte um Entlassung aus der Kinderfeuerwehr der Ortsfeuerwehr_____

Gründe bitte ankreuzen bzw. benennen:

- ☐ Wohnortwechsel
  neue Anschrift: _____
- ☐ Schulbildung: _____
- ☐ anderer Verein: _____
- ☐ stärkere andere Interessen: _____
- ☐ keine Lust mehr: _____
- ☐ kein Interesse an Übernahme: _____
- ☐ Sonstiges: _____
  _____

Die meinem/unserem Kind überlassenen Ausrüstungs- und Bekleidungsgegenstände werde ich binnen vier Wochen an die Leitung der Kinderfeuerwehr zurückgeben. Sofern leihweise Lehrmaterialien überlassen wurden, werde ich diese ebenfalls binnen vier Wochen abgeben.

Ich melde mein Kind hiermit aus der Kinderfeuerwehr ab.

_____ _____
Ort/Datum   Unterschrift des/der
                                       Erziehungsberechtigten

16 Brandschutzerziehung

Bereits vor vielen Jahren wurde erkannt, dass Brandschutzerziehung und -aufklärung eine wichtige Aufgabe nicht nur für Feuerwehren, sondern auch für Kindergärten und Schulen ist (Bild 35). In verschiedenen Bundesländern ist die Aufgabe der Brandschutzerziehung sogar in der Brandschutzgesetzgebung oder in entsprechenden Erlassen der zuständigen Kultusministerien geregelt. Brandschutzerziehung wird in der Regel durch Brandschutzerzieher der Feuerwehren und das Personal der Kindergärten bzw.

Bild 35: Im Rahmen der Brandschutzerziehung können die Kinder auch einmal »löschen«. (Foto: Volkmar Weichert)

Schulen durchgeführt. Überwiegend sind es Führungskräfte der Freiwilligen Feuerwehren, die sich mit Unterstützung durch Kreis- und Landesfeuerwehrverbände sowie verschiedenster Sponsoren, z. B. der öffentlichen Versicherer, in der Brandschutzerziehung engagieren.

Ziel der Brandschutzerziehung ist es, Kindern das richtige Verhalten im Brandfall zu vermitteln und sie über die Gefahren eines Brandes aufzuklären. Für Eltern sollte die Brandschutzerziehung ihrer Kinder genauso wichtig und selbstverständlich sein, wie die Aufklärung über die Gefahren im Straßenverkehr. Mithilfe der Brandschutzerziehung sollen Brandgefahren erkannt und beurteilt werden, außerdem soll erlernt werden, die Auswirkung von Feuer und Rauch richtig einzuschätzen.

Die Brandschutzerziehung ist ein wichtiges Thema innerhalb unserer Gesellschaft, da jede dritte fahrlässige Brandstiftung in Deutschland durch Kinder oder Jugendliche verursacht wird. Oft ist das Zündeln von Kindern Ursache von Bränden, bei denen erhebliche Sachschäden entstehen und vielfach auch Menschen ums Leben kommen. In den meisten Fällen bringen Kinder sich selbst und andere Menschen damit in große Gefahr. Jährlich kommen in Deutschland nach den amtlichen Statistiken des Statistischen Bundesamtes rund 400 Menschen bei Bränden ums Leben. Diese traurige Tatsache macht die Notwendigkeit der Brandschutzerziehung besonders deutlich.

Im Grundschulalter entwickeln Kinder ein besonderes Interesse am Zündeln. Mit der Brandschutzerziehung soll diese Neugier der Kinder in die richtigen Bahnen gelenkt werden. Im Unterricht erklären Lehrkräfte und Brandschutzerzieher den Verbrennungsvorgang und zeigen den Kindern, wie verschiedene Stoffe

Bild 36: Üben des korrekten Anzündens einer Kerze im Rahmen der Brandschutzerziehung (Foto: Volkmar Weichert)

mit Feuer reagieren. Um das richtige Verhältnis zu der Gefahr, aber auch den Umgang mit dem Feuer zu erlernen, werden verschiedene Experimente gemacht, so z. B. das Anzünden von Kerzen (Bild 36) und der »Becher-Gläser-Versuch«. Hierbei lernen die Kinder, dass sich Brandrauch zunächst an der Decke sammelt und sie leiten hieraus ihre Verhaltensweisen ab. Sie lernen, was brennt und was nicht brennt. Aber auch die richtige Beurteilung eines möglichen Schadenfeuers soll frühzeitig erlernt werden, genauso wie Kenntnisse über Alarmierungseinrichtungen und das Einüben des Notrufs.

1 1 2 – die Notrufnummer der Feuerwehr lässt sich kinderleicht mit der Gleichung $1 + 1 = 2$ erlernen und merken. Darüber hinaus wird gezeigt, wie in einem Notfall die Feuerwehr zu alarmieren ist und welche Informationen die Leitstelle benötigt. Für die Brandschutzerziehung stehen zahlreiche Materialien und Hilfsmittel, vom »Feuerideen-Mobil« (Westfälische Provinzial) über Unterrichtsreihen zur Brandschutzerziehung bis hin zu Malblöcken und Lehrmittelkoffern, zur Verfügung. Durch das zusätzlich gewonnene Wissen lernen Kinder Brandgefahren besser einzuschätzen, aber auch – was noch weitaus wichtiger ist – Brände zu vermeiden.

Anschriften

	Anschrift	Tel./Fax	E-Mail
JF Baden-Württemberg Jugendbüro	Karl-Benz-Str. 19 70794 Filderstadt	0711-128516-20 0711-128516-720	jugendbuero @jugendfeuer wehr-bw.de
JF Bayern Jugendbüro	Carl-von-Linde-Str. 42 85716 Unterschleißheim	089-388372-13 089-388372-17	jugendbuero @jf-bayern.de
JF Berlin Geschäftsstelle	Voltairestr. 2 10179 Berlin	030-38710923 030-387998366	info@berliner-jugendfeuer wehr.de
JF Brandenburg Landesjugendbüro	Holzmarktstr. 6 14467 Potsdam	0331-20148952 0331-20148959	ljb@ljf-bb.de
JF Bremen Geschäftsstelle	Habenhauser Landstr. 285 28279 Bremen	0421-83013301	info@jf-bremen.org
JF Hamburg Geschäftsstelle	Westphalensweg 1 20099 Hamburg	040-428514087 040-428514088	info@jf-hamburg.de
JF Hessen Geschäftsstelle	Umgehungsstr. 15 35043 Marburg-Cappel	06421-43631 06421-43743	hjf-geschaefts stelle@feuer wehr-hessen.de
JF Mecklenburg-Vorpommern Geschäftsstelle	Bertha-von-Suttner-Str. 5 19061 Schwerin	0385-3031802 0385-3031806	info@ljf-mv.de
JF Niedersachsen Geschäftsstelle	Bertastr. 4 30159 Hannover	0511-357775-00 0511-357775-20	info@njf.de

	Anschrift	Tel./Fax	E-Mail
JF Nordrhein-Westfalen Geschäftsstelle	Windhukstr. 80 42277 Wuppertal	0202-317712-20 0202-317712-620	info@jf-nrw.de
JF Rheinland-Pfalz Geschäftsstelle	Lindenallee 41-43 56077 Koblenz	0261-9743450 0261-9743459	info@jf-rlp.de
JF Saarland Landesjugendbüro	St.-Barbarastr. 9 66299 Friedrichsthal	06897-8414651 06897-8414652	jugendbüro @jf-sl.de
JF Sachsen Geschäftsstelle	Wilhermsdorfer Str. 40 09387 Jahnsdorf	037296-927863 037296-927865	gs@jf-sachsen.de
JF Sachsen-Anhalt Geschäftsstelle	Biederitzer Str. 5 39175 Heyrothsberge	039292-65019 039292-65021	geschaeftsstelle @jugendfeuer wehr-st.de
JF Schleswig-Holstein Geschäftsstelle	Hopfenstr. 2d 24114 Kiel	0431-6032195 0431-6032119	benthien @lfv-sh.de
JF Thüringen Geschäftsstelle	Magdeburger Allee 4 99086 Erfurt	0361-5518308 0361-5518301	jugendfeuer wehr@thfv.de
Deutsche Jugendfeuerwehr (Bundesjugendbüro)	Reinhardtstr. 25 10117 Berlin	030-288848810 030-288848819	info@jugend feuerwehr.de
Redaktionsbüro Lauffeuer	Siegfriedstr. 3 53179 Bonn	0228-8579834 0228-8579835	lauffeuer @jugendfeuer wehr.de
Deutscher Feuerwehrverband (DFV)	Reinhardtstr. 25 10117 Berlin	030-288848800 030-288848809	info@dfv.org
Versandhaus des DFV	Koblenzer Str. 135 53177 Bonn	0228-953500 0228-9535090	info@feuer wehrversand.de

(Stand: April 2016, alle Angaben ohne Gewähr)

Abkürzungen

Jugendfeuerwehr-/Feuerwehrspezifisch

BA	Brandschutzaufklärung
BE	Brandschutzerziehung
BJFA	Bezirks-Jugendfeuerwehrausschuss
BJFW	Bezirks-Jugendfeuerwehrwart/in
BJL	Bundesjugendleiter/in
CTIF	Comité Technique International de prévention et d'extinction du Feu (Internationales technisches Komitee für Vorbeugenden Brandschutz und Feuerlöschwesen)
DFV	Deutscher Feuerwehrverband
DJF	Deutsche Jugendfeuerwehr
FF	Freiwillige Feuerwehr
GJFW	Gemeinde-Jugendfeuerwehrwart/in
JF	Jugendfeuerwehr
JFM	Jugendfeuerwehrmitglied
JFW	Jugendfeuerwehrwart/in
JGL	Jugendgruppenleiter/in
Jufo	Jugendforum
Juleica	Jugendleiter/in-Card
KF	Kinderfeuerwehr
KFV	Kreisfeuerwehrverband
KFW	Kinderfeuerwehrwart/in
KJFA	Kreis-Jugendfeuerwehrausschuss

KJFW	Kreis-Jugendfeuerwehrwart/in
LFV	Landesfeuerwehrverband
LJFA	Landes-Jugendfeuerwehrausschuss
LJFL	Landes-Jugendfeuerwehrleitung
LJFW	Landes-Jugendfeuerwehrwart/in
MV	Mitgliederversammlung

Allgemeine Abkürzungen

BADK	Bundesarbeitsgemeinschaft Deutscher Kommunalversicherer
BGB	Bürgerliches Gesetzbuch
BKiSchG	Bundeskinderschutzgesetz
DFJW	Deutsch-/Französisches Jugendwerk
DGUV	Deutsche Gesetzliche Unfallversicherung
DJH	Deutsches Jugendherbergswerk
DPJW	Deutsch-/Polnisches Jugendwerk
FUK	Feuerwehrunfallkasse
GUV	Gemeindeunfallversicherung
JArbSchG	Jugendarbeitsschutzgesetz
JÖSchG	Gesetz zum Schutze der Jugend in der Öffentlichkeit
JuSchG	Jugendschutzgesetz
KJHG	Kinder- und Jugendhilfegesetz
KJP	Kinder- und Jugendplan des Bundes
SGB	Sozialgesetzbuch

Literaturverzeichnis

Brandschutzgesetze der Bundesländer in der jeweils aktuellen Fassung.

Bundeskinderschutzgesetz (BKiSchG) in der jeweils aktuellen Fassung.

Deutscher Bundesjugendring (DBJR): Für mich und andere – Ehrenamtlich in der Jugendarbeit, 2001.

Deutsche Jugendfeuerwehr (DJF): Arbeitsheft »Ehrenamt«, 1996.

Deutsche Jugendfeuerwehr (DJF): Helfer in der Jugendfeuerwehr, 2016.

Hessische Jugendfeuerwehr (HJF): Lehrgangsprogramm 2016.

Jugendschutzgesetz (JuSchG) in der jeweils aktuellen Fassung.

Ladwig, Benno: Jugendfeuerwehren in Deutschland – Entwicklungsgeschichte, EFB Verlagsgesellschaft, 1986.

Landesjugendring Niedersachsen e. V. (Hrsg.): Juleica – Handbuch für Jugendleiterinnen und Jugendleiter, 12. Auflage, 2015.

Marburger, Horst: Jugendleiter und Recht, 3. Auflage, Richard Boorberg Verlag, 2014.

Niedersächsische Jugendfeuerwehr (NJF): Löschblatt 3 – Materialien und Arbeitsunterlagen für Jugendfeuerwehren und Jugendfeuerwehrwarte, 2004.

Niedersächsische Jugendfeuerwehr (NJF): Informationen für die Arbeit in den Kinderfeuerwehren in Niedersachsen, 2012.

Niedersächsische Jugendfeuerwehr (NJF): Lehrgangsprogramm 2016.

2., überarb. und erw. Auflage 2016
155 Seiten. Kart. € 14,–
ISBN 978-3-17-023272-3
Die Roten Hefte/
Ausbildung kompakt Nr. 204

Thomas Zawadke

Tragbare Leitern

Tragbare Leitern sind aus dem Feuerwehralltag nicht wegzudenken. Bei vielen Feuerwehren sind tragbare Leitern ein häufig genutztes Einsatz- und Rettungsmittel, und sie sind immer dann unverzichtbar, wenn Drehleitern aufgrund der örtlichen Gegebenheiten nicht eingesetzt werden können. Das Rote Heft/Ausbildung kompakt stellt mit vielen Bildern und kurzen prägnanten Texten nicht nur die Grundtätigkeiten vor, sondern auch die unzähligen Einsatzmöglichkeiten der Steck-, Schieb-, Haken-, Klapp- und Multifunktionsleiter.

W. Kohlhammer GmbH · 70549 Stuttgart
www.kohlhammer-feuerwehr.de

Auch in der
BRANDSchutz-App
erhältlich.

2015. 92 Seiten. Kart. € 10,99
ISBN 978-3-17-029697-8
Die Roten Hefte Nr. 101

Jochen Thorns

Der Gruppenführer im Hilfeleistungseinsatz

Der Gruppenführer ist in der Regel der erste Einsatzleiter vor Ort. Da in der Gruppenführer-Ausbildung vor allem Brandeinsätze im Fokus stehen, kann die Vielfalt der Technischen Hilfeleistungen verwirren – insbesondere wenn der Gruppenführer selbst nur wenig Erfahrung sammeln konnte. Diese Wissenslücke will das Rote Heft schließen: Aufbauend auf einer kurzen, auf Hilfeleistungseinsätze angepassten Wiederholung der einsatztaktischen Grundlagen werden Praxistipps zu diversen Einsatzlagen im Bereich der Technischen Hilfeleistungen gegeben. Hinweise zum Verhalten gegenüber der Presse an Einsatzstellen und besondere Rechtsgrundlagen im Hilfeleistungseinsatz runden das Rote Heft ab.

W. Kohlhammer GmbH · 70549 Stuttgart
www.kohlhammer-feuerwehr.de